■ ■ ■ 智能系统与技术丛书

Next-Generation Machine Learning with Spark

Covers XGBoost, LightGBM, Spark NLP, Distributed Deep Learning with Keras, and More

基于Spark的 下一代机器学习

XGBoost、LightGBM、Spark NLP 与Keras分布式深度学习实例

[美] 布奇·昆托（Butch Quinto）著

张小坤 黄凯 华龙宇 张翔 译

机械工业出版社
China Machine Press

图书在版编目（CIP）数据

基于 Spark 的下一代机器学习：XGBoost、LightGBM、Spark NLP 与 Keras 分布式深度学习实例 /（美）布奇·昆托（Butch Quinto）著；张小坤等译 . -- 北京：机械工业出版社，2021.5
（智能系统与技术丛书）
书名原文：Next-Generation Machine Learning with Spark: Covers XGBoost, LightGBM, Spark NLP, Distributed Deep Learning with Keras, and More
ISBN 978-7-111-68125-0

I. ①基…　II. ①布…　②张…　III. ①数据处理软件　IV. ① TP274

中国版本图书馆 CIP 数据核字（2021）第 081348 号

本书版权登记号：图字　01-2020-7592

基于 Spark 的下一代机器学习

XGBoost、LightGBM、Spark NLP 与 Keras 分布式深度学习实例

出版发行：机械工业出版社（北京市西城区百万庄大街 22 号　邮政编码：100037）
责任编辑：王春华　李美莹　　　　　　　责任校对：殷　虹
印　　刷：三河市宏图印务有限公司　　　版　　次：2021 年 5 月第 1 版第 1 次印刷
开　　本：186mm×240mm　1/16　　　　印　　张：18.5
书　　号：ISBN 978-7-111-68125-0　　　定　　价：99.0 元

客服电话：（010）88361066　88379833　68326294　　　投稿热线：（010）88379604
华章网站：www.hzbook.com　　　　　　　　　　　　　读者信箱：hzit@hzbook.com

版权所有·侵权必究
封底无防伪标均为盗版
本书法律顾问：北京大成律师事务所　韩光 / 邹晓东

前　言

本书对 Spark 框架和 Spark 机器学习库 Spark MLlib 做了比较直观的介绍。但是，这不是一本介绍 Spark MLlib 标准算法的书。本书关注的重点是强大的第三方机器学习算法和标准 Spark MLlib 库之外的库。本书所涉及的一些高级主题包括 XGBoost4J-Spark、Spark 上的 LightGBM、孤立森林、Spark NLP、Stanford CoreNLP、Alluxio、Keras 分布式深度学习、使用 Elephas 的 Spark 以及分布式 Keras 等。

本书假定读者以前没有 Spark 和 Spark MLlib 相关经验，但如果想实践本书中的示例，有些机器学习、Scala 和 Python 的相关知识会有所帮助。强烈建议通读这些示例并尝试使用代码清单进行练习，将本书充分利用起来。第 1 章简单介绍机器学习。第 2 章介绍 Spark 和 Spark MLlib。如果你想学习更加高级的内容，可以直接阅读你感兴趣的章节。本书适合机器学习相关从业者阅读。我尽可能让本书简单实用，专注于实际操作，而不是专注于理论（尽管本书中也有很多这样的内容）。如果需要更加全面的机器学习介绍，建议阅读一下其他的相关资料，例如 Gareth James、Daniela Witten、Trevor Hastie 和 Robert Tibshirani 所著的 *An Introduction to Statistical Learning*（Springer, 2017）以及 Trevor Hastie、Robert Tibshirani 和 Jerome Friedman 所著的 *The Elements of Statistical Learning*（Springer, 2016）。有关 Spark MLlib 的更多信息，请参阅 Apache Spark 的 *Machine Learning Library*。对于深度学习更加深入的讨论，推荐 Ian Goodfellow、Yoshua Bengio 和 Aaron Courville 所著的 *Deep Learning*（MIT Press, 2016）。

ACKNOWLEDGMENTS

致　　谢

　　我要感谢 Apress 的所有人，特别是 Rita Fernando Kim、Laura C. Berendson 和 Susan McDermott 在本书的出版方面给予的帮助和支持，很高兴能与 Apress 团队合作。还有一些人直接或间接地为本书做出了贡献，包括 Matei Zaharia、Joeri Hermans、Max Pumperla、Fangzhou Yang、Alejandro Correa Bahnsen、Zygmunt Zawadzki 和 Irfan Elahi。感谢 Databricks 以及整个 Apache Spark、ML 和 AI 社区。特别感谢 Kat、Kristel、Edgar 和 Cynthia 的鼓励和支持。最后需要特别感谢的是我的妻子 Aileen 以及孩子 Matthew、Timothy 和 Olivia。

关于作者

  Butch Quinto 是 Intelvi AI 这家人工智能公司的创始人兼首席人工智能官，该公司为国防、工业和交通行业开发尖端解决方案。作为首席人工智能官，Butch 负责战略、创新、研究和开发。此前，他曾在一家领先的技术公司担任人工智能主管，在一家人工智能初创公司担任首席数据官。在任职德勤（Deloitte）的分析总监期间，他曾领导多个企业级人工智能和物联网解决方案的开发，以及战略、业务发展和风险投资尽职调查方面的工作。Butch 在银行与金融、电信、政府部门、公共事业、交通运输、电子商务、零售业、制造业和生物信息学等多个行业拥有 20 多年的技术和领导经验。他是 *Next-Generation Big Data*（Apress，2018）的作者，也是人工智能促进协会（AAAI）和美国科学促进会（AAAS）的成员。

关于技术审校人员

Irfan Elahi 在数据科学和机器学习领域拥有多年经验。他曾在咨询公司、自己的创业公司和学术研究实验室等多个垂直领域工作过。多年来，他在电信、零售业、网络、公共部门和能源等不同领域参与过很多数据科学和机器学习项目，旨在使企业从其数据资产中获得巨大价值。

CONTENTS

目　　录

VIII

第 1 章

机器学习介绍

我可以向你展示常见的观点。但是事实上，不断探索新的观点才会更美好。

——Geoffrey Hinton[1]

机器学习（ML）是人工智能的一个分支，是制造智能机器的科学和工程[2]。Arthur Samuel 是人工智能的先驱之一，他将机器学习定义为"使计算机能够在没有明确编程的情况下进行学习的研究领域"[3]。图 1-1 展示了人工智能、机器学习和深度学习之间的关系。人工智能还涵盖其他领域，这意味着虽然所有的机器学习都是人工智能，但并非所有的人工智能都是机器学习。人工智能的另一个分支符号主义人工智能是 20 世纪大部分时间人工智能研究的主要方向[4]。符号主义人工智能实现被称为专家系统或知识图谱，本质上是规则引擎，使用 if-then 语句通过演绎推理得出逻辑结论。可以想象，符号主义人工智能有几个关键的局限性，其中最主要的一个局限是，一旦在规则引擎中定义了规则，修改规则会非常麻烦。添加更多的规则会增加规则引擎中的知识，但它不能更改现有的知识[5]。相较而言，机器学习模型更加灵活。它们可以根据新的数据再进行训练，以学习新的知识或修改现有的知识。某种意义上符号主义人工智能还涉及人工干预。它依赖于人类的知识，需要人类在规则引擎中硬编码规则。另一方面，机器学习更具动态性，从输入数据中学习和识别模式，产生所需的输出。

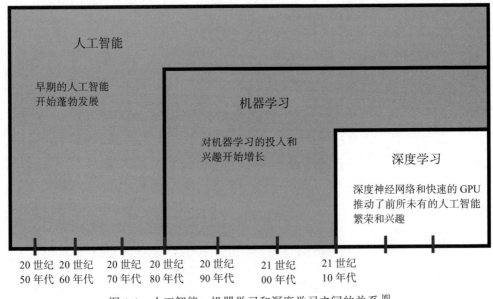

图 1-1   人工智能、机器学习和深度学习之间的关系 [6]

20 世纪中期，深度学习的复苏使人们重新关注人工智能和机器学习之间的联系。深度学习的复苏、高速图形处理单元（GPU）的可用性、大数据的出现，以及谷歌、Facebook、亚马逊、微软和 IBM 等公司的投资，造就了人工智能复兴的风潮。

1.1   人工智能和机器学习用例

在过去的 10 年里，机器学习取得了一系列惊人的进步。这些突破正在作用于我们的日常生活，并对你能想到的每一个方向产生影响。这绝不是机器学习用例的所有内容，但是它给每个正在发生创新变革的行业提供了很多方向。

1.1.1   零售业

零售业是最先从机器学习中获益的行业之一。多年来，在线购物网站一直依靠协作和基于内容的过滤算法来实现个性化购物体验。在线推荐和高度定向营销活动为零售商带来数百万甚至数十亿的收入。亚马逊是机器学习支持的在线推荐和个性化的典范，是因应用机器学习而最受欢迎的（也是最成功的）在线零售商之一。根据麦肯锡的一项研究，亚马逊 35% 的收入来自它的推荐引擎 [7]。零售业的其他机器学习应用还包括货架空间规划、平面图优化、定向市场营销、客户细分和需求预测。

1.1.2 交通运输

几乎每一个主要的汽车制造商都在研究由深度神经网络驱动的人工智能自动驾驶汽车。这些汽车配备了支持 GPU 的计算机，每秒可处理最高超过 100 万亿次的操作，用于实时人工智能感知、导航和路径规划。UPS 和 FedEx 等交通运输和物流公司使用机器学习进行路线和燃料优化、车队监控、预防性维护、行程时间估计和智能地理围栏。

1.1.3 金融服务

预测客户生命周期价值（CLV）、信用风险预测和欺诈检测是一些关键金融服务领域的机器学习用例。对冲基金和投行使用机器学习分析来自 Twitter Firehose 的数据，以发现可能会影响市场的推文。其他常见的金融服务机器学习用例包括预测下一个最佳行动、客户流失预测、情感分析和多渠道营销归属等。

1.1.4 医疗保健和生物技术

医疗保健是人工智能和机器学习研究与应用的关键领域。医院和医疗保健创业公司正在使用人工智能和机器学习来帮助准确诊断威胁生命的疾病，如心脏病、癌症和肺结核。人工智能驱动的药物发现以及成像和诊断是人工智能最具代表性的领域 [8]。人工智能也正在彻底改变生物技术和基因组学研究的方式，激发在路径分析、微阵列分析、基因预测和功能注释等方面的创新 [9]。

1.1.5 制造业

具有前瞻性的制造商正在使用深度学习进行质量检查，以检测硬件产品上的裂纹、不均匀边缘和划痕等缺陷。多年来，制造业和工业工程师一直使用生存分析来预测重型设备的失效时间。人工智能机器人正在实现制造过程的自动化，比人类速度更快、精度更高，从而提高了生产率，降低了产品缺陷。物联网（IoT）的到来和丰富的传感器数据正在扩大制造业机器学习应用的数量。

1.1.6　政府部门

机器学习在政府部门有着广泛的应用。例如，公共事业公司一直在使用机器学习来监控公共事业通道。异常检测技术有助于检测管道泄漏和管道破裂，这些异常可能导致全市服务中断并造成数百万的财产损失。机器学习也被应用于实时水质监控、预防疾病污染和拯救生命。为了节约能源，国有能源公司使用机器学习，通过确定用电高峰和低谷来相应地调整能源产出。人工智能网络安全是另一个快速发展的领域，特别是在当今时代，人工智能网络安全也是一个关键的政府部门用例。

1.2　机器学习与数据

机器学习模型是用算法和数据相结合的方式构建的。使用强大的算法是至关重要的，但同样重要（有些人可能会说更重要）的是用大量高质量的数据进行训练。一般来说，机器学习在数据较多的情况下表现得更好。2001 年，微软的研究人员 Michele Banko 和 Eric Brill 在他们有影响力的论文 "Scaling to Very Very Large Corpora for Natural Language Disambiguation" 中首次提出了这一概念。谷歌研究主管 Peter Norvig 在他的论文 "The Unreasonable Effectiveness of Data" 中进一步推广了这一概念[10]。然而，数据的质量比数量更重要。每一款高质量的模型都是从高质量的特征开始的。这就是特征工程的切入点。特征工程是将原始数据转换为高质量特征的过程。它通常是整个机器学习过程中最困难的部分，但也是最重要的。我将在本章后面更详细地讨论特征工程。与此同时，让我们看看典型的机器学习数据集。图 1-2 显示了 Iris 数据集⊖的一个子集。我将在书中的一些示例中使用这个数据集。

⊖　Iris 数据集是一个经典数据集，在统计学习和机器学习领域都经常被用作示例。——译者注

	花瓣长度	花瓣宽度	萼片长度	萼片宽度	类别标签
1	3.2	4.8	7.6	6.4	维吉尼亚鸢尾
2	4.1	6.1	3.2	5.7	维吉尼亚鸢尾
4	5.4	5.5	4.5	3.9	山鸢尾
5	3.8	4.9	8.7	6.2	变色鸢尾
6	4.2	6.8	3.7	4.5	山鸢尾
7	5.7	7.3	4.6	4.1	变色鸢尾

样本（观察对象、实例）

特征（属性、尺寸）　目标（类别标签）

图 1-2　机器学习数据集

观测对象

一行数据代表一个观察对象或实例。

1. 特征

特征是观察对象的属性。特征是用作模型输入的自变量。在图 1-2 中，特征是花瓣长度、花瓣宽度、萼片长度和萼片宽度。

2. 类别标签

类别标签是数据集中的因变量。这是我们试图预测的事情，也是输出的内容。在我们的示例中，我们试图预测鸢尾花的类型：山鸢尾（Iris Setosa）、变色鸢尾（Iris Versicolor）和维吉尼亚鸢尾（Iris Virginica）。

3. 模型

模型是具有预测能力的数学结构。它表示数据集中自变量和因变量之间的关系[11]。

1.3 机器学习方法

有不同类型的机器学习方法。使用哪一种方法很大程度上取决于你想要完成的任务以及你拥有的原始数据的类型。

1.3.1 有监督学习

有监督学习是利用训练数据集进行预测的机器学习任务。有监督学习可以分为分类和回归。回归用于预测"价格""温度"或"距离"等连续值，而分类用于预测"是"或"否"、"垃圾邮件"或"非垃圾邮件"、"恶性"或"良性"等类别。

分类包含三种类型的分类任务：二元分类、多类别分类和多标签分类。回归中包含线性回归和生存回归。

1.3.2 无监督学习

无监督学习是一种机器学习任务，它在不需要标记响应的情况下发现数据集中隐藏的模式和结构。当你只能访问输入数据，而训练数据不可用或难以获取时，无监督学习是理想的选择。常用的方法包括聚类、主题建模、异常检测、推荐和主成分分析。

1.3.3 半监督学习

在某些情况下，获取标记数据是昂贵且耗时的。在响应标记很少的情况下，半监督学习结合有监督和无监督学习技术进行预测。在半监督学习中，利用未标记数据对标记数据进行扩充以提高模型准确率。

1.3.4 强化学习

强化学习试图通过不断从尝试的过程和错误的结果来进行学习，确定哪种行为能带来最大的回报。强化学习有三个组成部分：智能体（决策者或学习者）、环境（智能体与之交互的内容）和行为（智能体可以执行的内容）[12]。这类学习通常用于游戏、导航和机器人技术。

1.4 深度学习

深度学习是机器学习和人工智能的一个分支，它使用深度的、多层的人工神经网络。最近人工智能领域的许多突破都归功于深度学习。

1.5 神经网络

神经网络是一类类似于人脑中相互连接的神经元的算法。一个神经网络包含多层结构，每一层由相互连接的节点组成。通常有一个输入层、一个或多个隐藏层和一个输出层。

1.6 卷积神经网络

卷积神经网络（convnet 或 CNN）是一种特别擅长分析图的神经网络（尽管它们也可以应用于音频和文本数据）。卷积神经网络各层中的神经元按高度、宽度和深度三个维度排列。我将在第 7 章更详细地介绍深度学习和深度卷积神经网络。

1.7 特征工程

特征工程是将数据转换为可用于训练机器学习模型的特征的过程。通常，原始数据需要通过几种数据准备和提取技术进行转换。

特征工程是机器学习的一个重要方面。几乎每一个机器学习都努力生成高度相关的特征，如果机器学习要成功的话，这是不言自明的。不幸的是，特征工程是一项复杂而耗时的任务，通常需要领域专家的帮助。这是一个迭代的过程，包括头脑风暴产生具体特征，创建该特征并研究它们对模型准确性的影响。事实上，根据《福布斯》的一项调查，数据科学家大部分时间都在准备数据（如图 1-3）[13]。

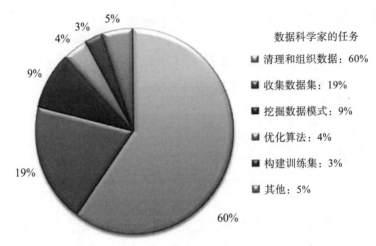

图 1-3   数据准备工作约占数据科学家工作的 80%

特征工程任务可以分为几类：特征选择、特征重要性、特征提取和特征构建[14]。

1.7.1   特征选择

特征选择是识别重要特征、剔除不相关或冗余特征的重要预处理步骤。它提高了预测性能和模型训练效率，降低了维数。我们必须删除不相关的特征，因为它们会对模型的准确率产生负面影响，并减慢模型训练的速度。某些特征可能没有任何预测能力，或者它们与其他特征是冗余的。但是我们如何确定这些特征是否相关呢？领域知识至关重要。例如，如果你正在构建一个模型来预测贷款违约的概率，这个模型可以帮助了解在量化信贷风险时需要考虑哪些因素。你可以从借款人的债务收入比开始；还有其他借款的具体因素需要考虑，如借款人的信用评分、工作年限、职称和婚姻状况；经济增长等全市场因素也可能很重要。还应考虑人口和心理信息。一旦你有了一个特征列表，有几种方法可以客观地确定它们的重要性。有多种特征选择方法可帮助你为模型选择正确的特征[15]。

1. 过滤式方法

过滤式方法使用卡方检验、相关系数和信息增益等统计技术对每个特征进行排序。

2. 包裹式方法

包裹式方法使用特征子集来训练模型。然后，你可以根据模型的性能添加或删除特征。包裹式方法的常见例子有递归特征消除、向后消除和向前选择。

3. 嵌入式方法

嵌入式方法结合了过滤式和包裹式方法所使用的技术。流行的例子包括套索和岭回归、正则树和随机多项式逻辑[16]。

1.7.2 特征重要性

基于树的集合（如随机森林、XGBoost 和 LightGBM）提供了一种特征选择方法，该方法为每个特征计算其重要性分数。分数越高，特征对提高模型准确率越重要。在第 3 章中，我将更详细地讨论随机森林、XGBoost 和 LightGBM 中的特征重要性。

1.7.3 特征提取

当数据集中有大量特征时，特征提取至关重要。特征提取通常需要使用降维技术。主成分分析（PCA）、线性判别分析（LDA）和奇异值分解（SVD）是最流行的降维算法，它们也用于特征提取。

1.7.4 特征构建

为了提高模型的准确率，有时需要从现有特征构建新的特征。有几种方法可以做到这一点。你可以组合或聚合特征。在某些情况下，你可能需要将它们分割。例如，将大多数事务性数据中很常见的时间戳属性分割为多个更细粒度的属性（秒、分钟、小时、天、月和年），这样可能对模型有好处。然后，你可能希望使用这些属性来构建更多特征，如每周中的第几天、每月中的第几周、每年的第几月等。特征构建既是艺术，也是科学，而且是特征工程中最困难和最耗时的部分之一。熟练掌握特征构建通常是区分经验丰富的数据科学家和新手的关键。

1.8 模型评估

在分类中，每个数据点都有一个已知的标签和一个模型生成的预测类别。通过比较已知的标签和预测类别为每个数据点进行划分，结果可以分为四个类别：真阳性（TP），预测类别和标签均为阳性；真阴性（TN），预测类别和标签均为阴性；假阳性（FP），预测类别为阳性但标签为阴性；假阴性（FN），预测类别为阴性但标签为阳性。这四个值构成了大多数分类任务评估指标的基础。它们通常在一个叫作混淆矩阵的表格中呈现（如表 1-1）。

表 1-1 混淆矩阵

	阴性（预测）	阳性（预测）
阴性（实际）	真阴性	假阳性
阳性（实际）	假阴性	真阳性

1.8.1 准确率

准确率是分类模型的一个评估指标。它定义为正确预测数除以预测总数。

$$准确率 = \frac{真阳性 + 真阴性}{真阳性 + 真阴性 + 假阳性 + 假阴性}$$

在数据集不平衡的情况下，准确率不是理想的指标。举例说明，假设一个分类任务有 90 个阴性和 10 个阳性样本；将所有样本分类为阴性会得到 0.90 的准确率分数。精度和召回率是评估用例不平衡数据的训练模型的较好指标。

1.8.2 精度

精度定义为真阳性数除以真阳性数加上假阳性数的和。精度表明当模型的预测为阳性时，模型正确的概率。例如，如果你的模型预测了 100 个癌症的发生，但是其中 10 个是错误的预测，那么你的模型的精度是 90%。在假阳性较高的情况下，精度是一个很好的指标。

$$精度 = \frac{真阳性}{真阳性 + 假阳性}$$

1.8.3　召回率

召回率是一个很好的指标，可用于假阴性较高的情况。召回率的定义是真阳性数除以真阳性数加上假阴性数的和。

$$召回率 = \frac{真阳性}{真阳性 + 假阴性}$$

1.8.4　F1 度量

F1 度量或 F1 分数是精度和召回率的调和平均值或加权平均值。它是评估多类别分类器的常用性能指标。在类别分布不均的情况下，这也是一个很好的度量。最好的 F1 分数是 1，而最差的分数是 0。一个好的 F1 度量意味着你有较低的假阴性和较低的假阳性。F1 度量定义如下：

$$F1 度量 = 2 \times \frac{精度 \times 召回率}{精度 + 召回率}$$

1.8.5　AUROC

接收者操作特征曲线下面积（AUROC）是评估二元分类器性能的常用指标。接收者操作特征曲线（ROC）是依据真阳性率与假阳性率绘制的图。曲线下面积（AUC）是 ROC 曲线下的面积。在对随机阳性样本和随机阴性样本进行预测时，将阳性样本预测为阳性的概率假设为 P0，将阴性样本预测为阳性的概率假设为 P1，AUC 就是 P0 大于 P1 的概率[17]。曲线下的面积越大（AUROC 越接近 1.0），模型的性能越好。

AUROC 为 0.5 的模型是无用的，因为它的预测准确率和随机猜测的准确率一样。

1.9 过拟合与欠拟合

模型性能差是由过拟合或欠拟合引起的。过拟合是指一个模型太适合训练数据。过拟合的模型在训练数据上表现良好，但在新的、看不见的数据上表现较差。过拟合的反面是欠拟合。由于拟合不足，模型过于简单，没有学习训练数据集中的相关模式，这可能是因为模型被过度规范化或需要更长时间的训练。模型能够很好地适应新的、看不见的数据，这种能力被称为泛化。这是每个模型优化练习的目标。防止过拟合的几种方法包括使用更多的数据或特征子集、交叉验证、删除、修剪、提前停止和正则化 [18]。对于深度学习，数据增强是一种常见的正则化形式。为了减少欠拟合，建议选择添加更多相关的特征。对于深度学习，考虑在一个层中添加更多的节点或在神经网络中添加更多的层，以增加模型的容量 [19]。

1.10 模型选择

模型选择包括评估拟合的机器学习模型，并尝试用用户指定的超参数组合来拟合底层估计器，再输出最佳模型。通过使用 Spark MLlib，模型选择由 CrossValidator 和 TrainValidationSplit 估计器执行。CrossValidator 对超参数调整和模型选择执行 k-fold 交叉验证和网格搜索。它将数据集分割成一组随机的、不重叠的分区，作为训练和测试数据集。例如，如果 k=3，k-fold 交叉验证将生成 3 对训练和测试数据集（每一对仅用作一次测试数据集），其中每一对使用 2/3 作为训练数据，1/3 用于测试 [20]。TrainValidationSplit 是用于超参数组合的另一种估计器。与 k-fold 交叉验证（这是一个昂贵的操作）相反，TrainValidationSplit 只对每个参数组合求值一次，而不是 k 次。

1.11 总结

本章简要介绍了机器学习。为了更加深入地了解机器学习，我建议使用 Trevor

Hastie 等人编写的 *Elements of Statistical Learning, 2nd ed*（Springer，2016）和 Gareth James 等人编写的 *An Introduction to Statistical Learning*（Springer，2013）。关于深度学习的介绍，我推荐阅读 Ian Goodfellow 等人编写的 *Deep Learning*。虽然机器学习已经存在很长一段时间，但是使用大数据来训练机器学习模型是一个新兴内容。Spark 作为最流行的大数据框架，在构建大规模、企业级机器学习应用程序方面具有独特的优势。让我们在第 2 章中深入探讨 Spark 和 Spark MLlib。

1.12 参考资料

[1]   Raffi Khatchadourian; "THE DOOMSDAY INVENTION," newyorker.com, 2015, www.newyorker.com/magazine/2015/11/23/doomsday-invention-artificial-intelligence-nick-bostrom

[2]   John McCarthy; "What is artificial intelligence?", stanford.edu, 2007, www-formal.stanford.edu/jmc/whatisai/node1.html

[3]   Chris Nicholson; "Artificial Intelligence (AI) vs. Machine Learning vs. Deep Learning," skimind.ai, 2019, https://skymind.ai/wiki/ai-vs-machine-learning-vs-deep-learning

[4]   Marta Garnelo and Murray Shanahan; "Reconciling deep learning with symbolic artificial intelligence: representing objects and relations," sciencedirect.com, 2019, www.sciencedirect.com/science/article/pii/S2352154618301943

[5]   Chris Nicholson; "Symbolic Reasoning (Symbolic AI) and Machine Learning"; skymind.ai, 2019, https://skymind.ai/wiki/symbolic-reasoning

[6]   Michael Copeland; "What's the Difference Between Artificial Intelligence, Machine Learning, and Deep Learning?", nvidia.com, 2016, https://blogs.nvidia.com/blog/2016/07/29/whats-difference-artificial-intelligence-machine-learning-deep-learning-ai/

[7]   Ian MacKenzie, et al.; "How retailers can keep up with consumers," mckinsey.com, 2013, www.mckinsey.com/industries/retail/our-insights/how-retailers-can-keep-up-with-consumers

[8]   CB Insights; "From Drug R&D To Diagnostics: 90+ Artificial Intelligence Startups In Healthcare," cbinsights.com, 2019, www.cbinsights.com/research/artificial-intelligence-startups-healthcare/

[9]   Ragothaman Yennamali; "The Applications of Machine Learning in Biology," kolabtree.com, 2019, www.kolabtree.com/blog/applications-of-machine-learning-in-biology/

[10]   Xavier Amatriain; "In Machine Learning, What is Better: More Data or better Algorithms," kdnuggets.com, 2015, www.kdnuggets.com/2015/06/machine-learning-more-data-better-algorithms.html

[11]   Mohammed Guller; "Big Data Analytics with Spark," Apress, 2015

[12]   SAS; "Machine Learning," sas.com, 2019, www.sas.com/en_us/insights/analytics/machine-learning.html

[13]   Gil Press; "Cleaning Big Data: Most Time-Consuming, Least Enjoyable Data Science Task, Survey Says," forbes.com, 2016, www.forbes.com/sites/gilpress/2016/03/23/data-preparation-most-time-consuming-least-enjoyable-data-science-task-survey-says/#680347536f63

[14]   Jason Brownlee; "Discover Feature Engineering, How to Engineer Features and How to Get Good at It," machinelearningmastery.com, 2014, https://machinelearningmastery.com/discover-feature-engineering-how-to-engineer-features-and-how-to-get-good-at-it/

[15]   Jason Brownlee; "An Introduction to Feature Selection," MachineLearningMastery.com, 2014, https://

machinelearningmastery.com/an-introduction-to-feature-selection/

[16] Saurav Kaushik; "Introduction to Feature Selection methods with an example," Analyticsvidhya.com, 2016, www.analyticsvidhya.com/blog/2016/12/introduction-to-feature-selection-methods-with-an-example-or-how-to-select-the-right-variables/

[17] Google; "Classification: ROC Curve and AUC," developers.google.com, 2019, https://developers.google.com/machine-learning/crash-course/classification/roc-and-auc

[18] Wayne Thompson; "Machine learning best practices: Understanding generalization," blogs.sas.com, 2017, https://blogs.sas.com/content/subconsciousmusings/2017/09/05/machine-learning-best-practices-understanding-generalization/

[19] Jason Brownlee; "How to Avoid Overfitting in Deep Learning Neural Networks," machinelearningmaster.com, 2018, https://machinelearningmastery.com/introduction-to-regularization-to-reduce-overfitting-and-improve-generalization-error/

[20] Spark; "CrossValidator," spark.apache.org, 2019, https://spark.apache.org/docs/latest/api/scala/index.html#org.apache.spark.ml.tuning.CrossValidator

CHAPTER 2

第 2 章

Spark 和 Spark MLlib 介绍

使用大量数据训练出来的简单模型要比使用少量数据训练出来的复杂模型更好。

——Peter Norvig[1]

Spark 是一个统一的大数据处理框架，用于处理和分析大数据集。Spark 的库很强大，为 Scala、Python、Java 和 R 提供了高级别的 API，包括用于机器学习的 MLlib、用于 SQL 支持的 Spark SQL、用于实时流的 Spark Streaming 和用于图处理的 GraphX[2]。Spark 由加州大学伯克利分校 AMPLab 的 Matei Zaharia 创建，后来捐赠给 Apache 软件基金会（Apache Software Foundation），于 2014 年 2 月 24 日成为顶级项目[3]。第一个 Spark 版本于 2017 年 5 月 30 日发布[4]。

2.1 概述

开发 Spark 是为了解决 Hadoop 原始数据处理框架 MapReduce 的局限性。Matei Zaharia 在加州大学伯克利分校和 Facebook（他曾在那里实习）看到了 MapReduce 的局限性，并试图创建一个更快、更通用、多用途的数据处理框架，可以处理迭代和交互式应用程序[5]。它提供了一个统一的平台（图 2-1），支持流、交互式、图处理、机器学习和批处理等多种工作[6]。Spark 作业的运行速度比同等的 MapReduce 作业快很多倍，这是因为它具有快速的内存内功能和高级的 DAG（有向无环图）执行引擎。Spark 是用 Scala 编写的，因此它实际上是 Spark 的编程接口。我们将在本书中使用 Scala。第 7 章将介绍使用 PySpark 进行分布式深度学习，这是用于 Spark 的 Python API。本章是我的上一本书 *Next-Generation Big Data*（Apress, 2018）中第 5 章的更新版本。

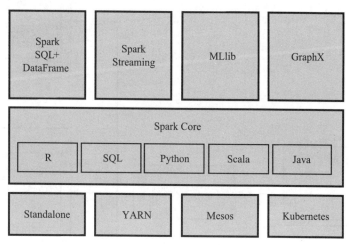

图 2-1　Apache Spark 生态系统

集群管理器

集群管理器管理和分配集群资源。Spark 支持 Spark（Standalone Scheduler）、YARN、Mesos 和 Kubernetes 附带的独立集群管理器。

2.2　架构

在较高的级别上，Spark 将 Spark 应用程序的任务执行分布在各个集群节点上（图 2-2）。每个 Spark 应用程序在其驱动程序中都有一个 SparkContext 对象。Spark 应用程序通过 SparkContext 连接到集群管理器，获取计算资源。连接到集群之后，Spark 将在你的工作节点上获得执行器。然后 Spark 会将应用程序代码发送给执行器。应用程序通常会运行一个或多个作业来响应 Spark 动作。每个任务被 Spark 划分为更小阶段或任务的有向无环图（DAG）。然后，每个任务被分发并发送给各个工作节点的执行器执行。

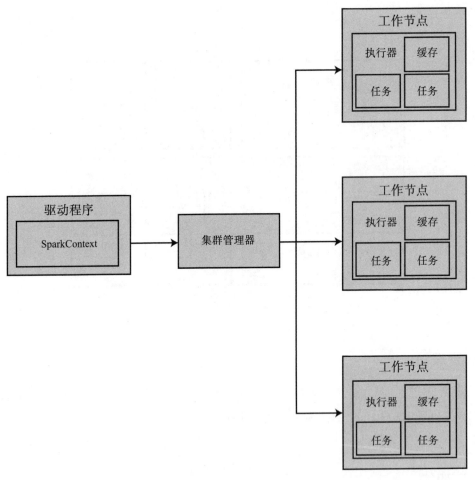

图 2-2   Apache Spark 架构

　　每个 Spark 应用程序都有自己的一组执行器。因为来自不同应用程序的任务在不同的 Java 虚拟机中运行，所以 Spark 应用程序不能干扰另一个 Spark 应用程序。这也意味着，如果不使用 HDFS 或 S3 等外部数据源，Spark 应用程序很难共享数据。使用 Tachyon（又名 Alluxio）这样的堆外内存存储可以使数据共享更快、更容易。我将在本章后面更详细地讨论 Alluxio。

2.3　执行 Spark 应用程序

可以使用交互式 shell（spark-shell 或 pyspark）或提交应用程序（spark-submit）来执行 Spark 应用程序。有些人更喜欢使用基于网络的交互式编辑器，如 Apache Zeppelin 和与 Spark 交互的 Jupyter。像 Databricks 和 Cloudera 这样的商业供应商也提供了它们自己的交互式编辑环境。我将在本章中使用 spark-shell。在使用诸如 YARN 这样的集群管理器的环境中，有两种部署模式可以启动 Spark 应用程序。

2.3.1　集群模式

在集群模式下，驱动程序在 YARN 管理的应用主程序中运行。客户端可以退出而不影响应用程序的执行。在集群模式下启动应用程序或启动 spark-shell，请执行以下操作：

```
spark-shell --master yarn --deploy-mode cluster

spark-submit --class mypath.myClass --master yarn --deploy-mode cluster
```

2.3.2　客户端模式

在客户端模式下，驱动程序在客户端运行。应用程序主程序仅用于从 YARN 请求资源。在客户端模式下启动应用程序或 spark-shell，请执行以下操作：

```
spark-shell --master yarn --deploy-mode client

spark-submit --class mypath.myClass --master yarn --deploy-mode client
```

2.4　spark-shell 介绍

通常使用交互式 shell 进行特殊数据分析或探索。它也是学习 Spark API 的一个好工具。Spark 的交互式 shell 可以在 Spark 或 Python 中使用。在下面的示例中，我们将创建城市的弹性分布式数据集（RDD），并将它们全部转换为大写。当你启动

spark-shell 时，会自动创建一个名为"spark"的 SparkSession，如清单 2-1 所示。

清单 2-1   spark-shell 介绍

```
spark-shell

Spark context Web UI available at http://10.0.2.15:4041
Spark context available as 'sc' (master = local[*], app id =
local-1574144576837).
Spark session available as 'spark'.
Welcome to
      ____              __
     / __/__  ___ _____/ /__
    _\ \/ _ \/ _ `/ __/  '_/
   /___/ .__/\_,_/_/ /_/\_\   version 2.4.4
      /_/

Using Scala version 2.11.12 (OpenJDK 64-Bit Server VM, Java 1.8.0_212)
Type in expressions to have them evaluated.
Type :help for more information.

scala>val myCities = sc.parallelize(List(
                            "tokyo",
                            "new york",
                            "sydney",
                            "san francisco"))

scala>val uCities = myCities.map {x =>x.toUpperCase}

scala>uCities.collect.foreach(println)
TOKYO
NEW YORK
SYDNEY
SAN FRANCISCO
```

2.4.1   SparkSession

如图 2-2 所示，SparkContext 允许访问 Spark 的所有特性和功能。驱动程序使用 SparkContext 访问其他上下文，如 StreamingContext、SQLContext 和 HiveContext。从 Spark 2.0 开始，SparkSession 提供了一个与 Spark 交互的单点入口。Spark 1.x 中的 SparkContext、SQLContext、HiveContext 和 StreamingContext 中所有可用的特性现在都可以通过 SparkSession 访问 [7]。你仍然可能遇到用 Spark 1.x 编写的代码。在

Spark 1.x 中，你可以编写如下内容。

```
val sparkConf = new SparkConf().setAppName("MyApp").setMaster("local")
val sc = new SparkContext(sparkConf).set("spark.executor.cores", "4")
val sqlContext = new org.apache.spark.sql.SQLContext(sc)
```

在 Spark 2.x 中，你不必显式地创建 SparkConf、SparkContext 或 SQLContext，因为 SparkSession 中已经包含了它们所有的功能。

```
val spark = SparkSession.
builder().
appName("MyApp").
config("spark.executor.cores", "4").
getOrCreate()
```

2.4.2　弹性分布式数据集

弹性分布式数据集（RDD）是跨集群中的一个或多个节点划分的、具有弹性的、不可变的分布式对象集合。多个 RDD 可以通过两种类型的操作进行并行处理和操作：转换和动作。

备注　RDD 是 Spark 1.x 中的主要编程接口。从 Spark 2.0 开始，DataSet 已经取代 RDD 成为主要的 API。由于更丰富的编程接口和更好的性能，建议用户从 RDD 切换到 DataSet/DataFrame。我将在本章后面讨论 DataSet 和 DataFrame。

---

1. 创建 RDD

创建 RDD 非常简单。可以通过读取现有的 Scala 集合或从存储在 HDFS 或 S3 中的外部文件来创建 RDD。

（1）parallelize

parallelize 从 Scala 集合创建 RDD。

```
val data = (1 to 5).toList
val rdd = sc.parallelize(data)
val cities = sc.parallelize(List("tokyo","new york","sydney","san
francisco"))
```

（2）textFile

textFile 从存储在 HDFS 或 S3 中的文本文件中创建 RDD。

```
val rdd = sc.textFile("hdfs://master01:9000/files/mydirectory")
```

```
val rdd = sc.textFile("s3a://mybucket/files/mydata.csv")
```

需要注意的是，RDD 是不可变的。数据转换是生成另一个 RDD，而不是修改当前的 RDD。RDD 操作可以分为两类：转换和动作。

2. 转换

转换是一种创建新的 RDD 的操作。我将描述一些最常见的转换。如果想了解完整的内容，请参见 Spark 在线文档。

（1）map

map 对 RDD 中的每个元素执行一个函数。它创建并返回一个新的 RDD。map 的返回类型不一定必须与原始 RDD 的类型相同。

```
val cities = sc.parallelize(List("tokyo","new york","paris","san francisco"))
val upperCaseCities = myCities.map {x =>x.toUpperCase}
upperCaseCities.collect.foreach(println)
TOKYO
NEW YORK
PARIS
SAN FRANCISCO
```

让我们来看另一个 map 的示例。

```
val lines = sc.parallelize(List("Michael Jordan", "iPhone"))
```

```
val words = lines.map(line =>line.split(" "))

words.collect

res2: Array[Array[String]] = Array(Array(Michael, Jordan), Array(iPhone))
```

(2) flatMap

flatMap 对 RDD 中的每个元素执行一个函数，然后将结果序列化。

```
val lines = sc.parallelize(List("Michael Jordan", "iPhone"))

val words = lines.flatMap(line =>line.split(" "))

words.collect

res3: Array[String] = Array(Michael, Jordan, iPhone)
```

(3) filter

filter 返回一个 RDD，它只包含与指定条件匹配的元素。

```
val lines = sc.parallelize(List("Michael Jordan", "iPhone","Michael
Corleone"))

val words = lines.map(line =>line.split(" "))

val results = words.filter(w =>w.contains("Michael"))

results.collect

res9: Array[Array[String]] = Array(Array(Michael, Jordan), Array(Michael,
Corleone))
```

(4) distinct

distinct 将重复值过滤掉，只返回不同的值。

```
val cities1 = sc.parallelize(List("tokyo","tokyo","paris","sydney"))

val cities2 = sc.parallelize(List("perth","tokyo","canberra","sydney"))

val cities3 = cities1.union(cities2)

cities3.distinct.collect.foreach(println)
```

```
sydney
perth
canberra
tokyo
paris
```

（5）reduceByKey

reduceByKey 使用指定的函数将相同键的值组合起来，使得每个键只有一个元素。

```
val pairRDD = sc.parallelize(List(("a", 1), ("b",2), ("c",3), ("a", 30),
("b",25), ("a",20)))
val sumRDD = pairRDD.reduceByKey((x,y) =>x+y)
sumRDD.collect
res15: Array[(String, Int)] = Array((b,27), (a,51), (c,3))
```

（6）keys

keys 返回只包含键值的 RDD。

```
val rdd = sc.parallelize(List(("a", "Larry"), ("b", "Curly"), ("c", "Moe")))

val keys = rdd.keys

keys.collect.foreach(println)

a
b
c
```

（7）values

values 返回只包含 value 值的 RDD。

```
val rdd = sc.parallelize(List(("a", "Larry"), ("b", "Curly"), ("c", "Moe")))

val value = rdd.values

value.collect.foreach(println)

Larry
Curly
Moe
```

（8）inner Join

inner join（内连接）根据连接谓词返回由两个 RDD 中所有元素组成的 RDD。

```
val data = Array((100,"Jim Hernandez"), (101,"Shane King"))
val employees = sc.parallelize(data)

val data2 = Array((100,"Glendale"), (101,"Burbank"))
val cities = sc.parallelize(data2)

val data3 = Array((100,"CA"), (101,"CA"), (102,"NY"))
val states = sc.parallelize(data3)

val record = employees.join(cities).join(states)
```

```
record.collect.foreach(println)
```

```
(100,((Jim Hernandez,Glendale),CA))
(101,((Shane King,Burbank),CA))
```

（9）rightOuterJoin 和 leftOuterJoin

rightOuterJoin 会返回右侧 RDD 中的元素并与左侧 RDD 拼接，即使与左侧 RDD 存在不匹配的行也会返回。leftOuterJoin 与 rightOuterJoin 正好相反，会返回左侧 RDD 的元素。

```
val record = employees.join(cities).rightOuterJoin(states)
```

```
record.collect.foreach(println)
```

```
(100,(Some((Jim Hernandez,Glendale)),CA))
(102,(None,NY))
(101,(Some((Shane King,Burbank)),CA))
```

（10）union

union 返回包含两个或多个 RDD 组合的 RDD。

```
val  data = Array((103,"Mark Choi","Torrance","CA"), (104,"Janet
Reyes","RollingHills","CA"))
val employees = sc.parallelize(data)
val  data = Array((105,"Lester Cruz","VanNuys","CA"), (106,"John
White","Inglewood","CA"))
```

```
val employees2 = sc.parallelize(data)
val rdd = sc.union([employees, employees2])
rdd.collect.foreach(println)
(103,MarkChoi,Torrance,CA)
(104,JanetReyes,RollingHills,CA)
(105,LesterCruz,VanNuys,CA)
(106,JohnWhite,Inglewood,CA)
```

（11）subtract

subtract 返回由仅在第一个 RDD 中存在的元素组成的 RDD，如果该元素在多个 RDD 中存在，则不返回。

```
val data = Array((103,"Mark Choi","Torrance","CA"),  (104,"Janet
Reyes","Rolling Hills","CA"),(105,"Lester Cruz","Van Nuys","CA"))

val rdd = sc.parallelize(data)

val data2 = Array((103,"Mark Choi","Torrance","CA"))
val rdd2 = sc.parallelize(data2)

val employees = rdd.subtract(rdd2)

employees.collect.foreach(println)

(105,LesterCruz,Van Nuys,CA)
(104,JanetReyes,Rolling Hills,CA)
```

（12）coalesce

coalesce 减少了 RDD 中的分区数量。在对大型 RDD 执行过滤之后，你可能希望使用 coalesce。虽然过滤减少了新 RDD 的数据量，但它继承了原始 RDD 的分区数量。如果新的 RDD 比原来的 RDD 小得多，那么它可能有数百或数千个小分区，这可能会导致性能问题。

当你希望在写入 HDFS 时减少 Spark 生成的文件数量，防止可怕的"小文件"问题时，coalesce 也很有用。每个分区作为单独的文件写入 HDFS。注意，在使用 coalesce 时，你可能会遇到性能问题，因为在写入 HDFS 时，降低了并行度。如果出现这种情况，请尝试增加分区的数量。在下面的示例中，我们只将一个 Parquet 文件写入 HDFS。

```
df.coalesce(1).write.mode("append").parquet("/user/hive/warehouse/Mytable")
```

（13）repartition

repartition（重新分区）可以减少或增加 RDD 中的分区数量。在减少分区时，通常会使用 coalesce，因为它比 repartition 更有效。增加分区的数量有助于增加写入 HDFS 时的并行度。在下面的示例中，我们将把六个 Parquet 文件写入 HDFS。

```
df.repartition(6).write.mode("append").parquet("/user/hive/warehouse/
Mytable")
```

备注 coalesce 通常比 repartition 快。repartition 将执行完全洗牌，创建新的分区，并在工作节点之间平均分布数据。coalesce 通过使用现有的分区，最小化数据移动，并避免完全洗牌。

---

3. 动作

动作是一个 RDD 操作，它向驱动程序返回一个值。下面列出了一些最常见的动作。有关动作的完整列表，请参见 Spark 在线文档。

（1）collect

collect 将整个数据集作为数组返回到驱动程序。

```
val myCities = sc.parallelize(List("tokyo","new york","paris","san
francisco"))
myCities.collect
res2: Array[String] = Array(tokyo, new york, paris, san francisco)
```

（2）count

count 返回整个数据集中元素的数量。

```
val myCities = sc.parallelize(List("tokyo","new york","paris","san
francisco"))
myCities.count
```

```
res3: Long = 4
```

（3）take

take 将以数组的形式返回数据集的前 n 个元素。

```
val myCities = sc.parallelize(List("tokyo","new york","paris","san
francisco"))
myCities.take(2)
res4: Array[String] = Array(tokyo, new york)
```

（4）foreach

foreach 对数据集的每个元素执行一个函数。

```
val myCities = sc.parallelize(List("tokyo","new york","paris","san
francisco"))

myCities.collect.foreach(println)

tokyo
newyork
paris
sanFrancisco
```

4. 惰性计算

Spark 支持惰性计算，这对于大数据处理至关重要。Spark 中的所有转换都是使用惰性计算的。Spark 不会立即执行转换。你可以继续定义更多的转换。当你希望得到最终结果时，你将执行一个动作，该动作将导致转换执行。

5. 缓存

默认情况下，每次运行动作时，都会重新执行每个转换。你可以使用 cache 或 persist 方法将 RDD 缓存到内存中，以避免多次重新执行转换。

6. 累加器

累加器是只"增加"的变量。它们通常用于实现计数器。在这个示例中，使用一个累加器将数组中的元素相加：

```
val accum = sc.longAccumulator("Accumulator 01")

sc.parallelize(Array(10, 20, 30, 40)).foreach(x =>accum.add(x))

accum.value
res2: Long = 100
```

7. 广播变量

广播变量（broadcast variable）是存储在每个节点的内存中的只读变量。Spark 使用高速广播算法来减少复制广播变量的网络延迟。使用广播变量可以更快地在每个节点上存储数据集的副本，而不是在像 HDFS 或 S3 这样的慢速存储引擎中存储数据。

```
val broadcastVar = sc.broadcast(Array(10, 20, 30))

broadcastVar.value
res0: Array[Int] = Array(10, 20, 30)
```

2.5 Spark SQL、DataSet 和 DataFrame 的 API

开发 Spark SQL 是为了简化对结构化数据的处理和分析。DataSet 与 RDD 的相似之处在于它支持强类型，但是 DataSet 有一个更高效的引擎。从 Spark 2.0 开始，DataSet API 是主要的编程接口。DataFrame 只是一个具有指定列的数据集，类似于关系表。Spark SQL 和 DataFrame 一起为处理和分析结构化数据提供了强大的编程接口。下面是一个关于如何使用 DataFrame API 的快速示例。

```
val jsonDF = spark.read.json("/jsondata/customers.json")

jsonDF.show
+---+------+-------------+-----+------+-----+
|age|  city|         name|state|userid|  zip|
+---+------+-------------+-----+------+-----+
| 35|Frisco| Jonathan West|   TX|   200|75034|
```

```
| 28|Dallas|Andrea Foreman|   TX|  201|75001|
| 69| Plano|  Kirsten Jung|   TX|  202|75025|
| 52| Allen|Jessica Nguyen|   TX|  203|75002|
+---+------+--------------+-----+------+-----+
```

jsonDF.select ("age","city").show

```
+---+------+
|age|  city|
+---+------+
| 35|Frisco|
| 28|Dallas|
| 69| Plano|
| 52| Allen|
+---+------+
```

jsonDF.filter($"userid" < 202).show()

```
+---+------+--------------+-----+------+-----+
|age|  city|          name|state|userid|  zip|
+---+------+--------------+-----+------+-----+
| 35|Frisco| Jonathan West|   TX|  200|75034|
| 28|Dallas|Andrea Foreman|   TX|  201|75001|
+---+------+--------------+-----+------+-----+
```

jsonDF.createOrReplaceTempView("jsonDF")

val df = spark.sql("SELECT userid, zip FROM jsonDF")

df.show

```
+------+-----+
|userid|  zip|
+------+-----+
|   200|75034|
|   201|75001|
|   202|75025|
|   203|75002|
+------+-----+
```

备注 DataFrame 和 DataSet 的 API 在 Spark 2.0 中得到了统一。DataFrame 现在只是 Row 的 DataSet 的类型别名，其中 Row 是通用的无类型对象。相反，DataSet 是强类型对象的集合 DataSet[t]。Scala 支持强类型和非强类型 API，而在 Java 中，Dataset[t] 是主要的抽象。DataFrame 是 R 和 Python 的主要编程接口，因为它缺乏对编译时类型安全性的支持。

2.6 Spark 数据源

对不同的文件格式和数据源进行读写是最常见的数据处理任务之一。在示例中，我们将同时使用 RDD 和 DataFrame 的 API。

2.6.1 CSV

Spark 为你提供了从 CSV 文件读取数据的不同方法。你可以先将数据读入 RDD，然后将其转换为 DataFrame。

```
val dataRDD = sc.textFile("/sparkdata/customerdata.csv")
val parsedRDD = dataRDD.map{_.split(",")}
case class CustomerData(customerid: Int, name: String, city: String, state:
String, zip: String)
val dataDF = parsedRDD.map{ a =>CustomerData (a(0).toInt, a(1).toString,
a(2).toString,a(3).toString,a(4).toString) }.toDF
```

Starting in Spark 2.0, the CSV connector is already built-in.

```
val dataDF = spark.read.format("csv")
            .option("header", "true")
            .load("/sparkdata/customerdata.csv")
```

2.6.2 XML

Databricks 有一个 Spark XML 包，可以方便地读取 XML 数据。

```
cat users.xml

<userid>100</userid><name>Wendell Ryan</name><city>San Diego</city>
<state>CA</state><zip>92102</zip>
<userid>101</userid><name>Alicia Thompson</name><city>Berkeley</city>
<state>CA</state><zip>94705</zip>
<userid>102</userid><name>Felipe Drummond</name><city>Palo Alto</city>
<state>CA</state><zip>94301</zip>
<userid>103</userid><name>Teresa Levine</name><city>Walnut Creek</city>
<state>CA</state><zip>94507</zip>

hadoop fs -mkdir /xmldata
hadoop fs -put users.xml /xmldata

spark-shell --packages  com.databricks:spark-xml_2.10:0.4.1
```

使用 Spark XML 创建一个 DataFrame。这个示例中，我们在 HDFS 中指定 XML 文件所在的行标记和路径。

```
import com.databricks.spark.xml._

val xmlDF = spark.read
            .option("rowTag", "user")
            .xml("/xmldata/users.xml");

xmlDF: org.apache.spark.sql.DataFrame = [city: string, name: string,
state: string, userid: bigint, zip: bigint]
```

让我们再看看数据。

```
xmlDF.show

+------------+---------------+-----+------+-----+
|        city|           name|state|userid|  zip|
+------------+---------------+-----+------+-----+
|   San Diego|   Wendell Ryan|   CA|   100|92102|
|    Berkeley|Alicia Thompson|   CA|   101|94705|
|   Palo Alto|Felipe Drummond|   CA|   102|94301|
|Walnut Creek|  Teresa Levine|   CA|   103|94507|
+------------+---------------+-----+------+-----+
```

2.6.3　JSON

我们将创建一个 JSON 文件作为示例数据。确保该文件位于 HDFS 中路径为 /jsondata 的文件夹中。

```
cat users.json

{"userid": 200, "name": "Jonathan West", "city":"Frisco", "state":"TX",
"zip": "75034", "age":35}
{"userid": 201, "name": "Andrea Foreman", "city":"Dallas", "state":"TX",
"zip": "75001", "age":28}
{"userid": 202, "name": "Kirsten Jung", "city":"Plano", "state":"TX",
"zip": "75025", "age":69}
{"userid": 203, "name": "Jessica Nguyen", "city":"Allen", "state":"TX",
"zip": "75002", "age":52}
```

从 JSON 文件中创建一个 DataFrame。

```
val jsonDF = spark.read.json("/jsondata/users.json")

jsonDF: org.apache.spark.sql.DataFrame = [age: bigint, city: string,
name: string, state: string, userid: bigint, zip: string]
```

检查数据。

```
jsonDF.show

+---+------+--------------+-----+------+-----+
|age|  city|          name|state|userid|  zip|
+---+------+--------------+-----+------+-----+
| 35|Frisco| Jonathan West|   TX|   200|75034|
| 28|Dallas|Andrea Foreman|   TX|   201|75001|
| 69| Plano|  Kirsten Jung|   TX|   202|75025|
| 52| Allen|Jessica Nguyen|   TX|   203|75002|
+---+------+--------------+-----+------+-----+
```

2.6.4　关系数据库和 MPP 数据库

在这个示例中，我们使用的是 MySQL，但是也支持其他关系数据库和 MPP 引擎，比如 Oracle、Snowflake、Redshift、Impala、Presto 和 Azure DW。通常，只要关系数据库有 JDBC 驱动程序，就应该可以从 Spark 访问它。性能取决于 JDBC 驱动程序对批处理操作的支持程度。请查看 JDBC 驱动程序的文档以了解更多细节。

```
mysql -u root -pmypassword
create databases salesdb;
use salesdb;
create table customers (
customerid INT,
name VARCHAR(100),
city VARCHAR(100),
state CHAR(3),
zip  CHAR(5));
spark-shell --driver-class-path mysql-connector-java-5.1.40-bin.jar
```

启动 spark-shell。

读取 CSV 文件到 RDD 并将其转换为 DataFrame。

```
val dataRDD = sc.textFile("/home/hadoop/test.csv")
val parsedRDD = dataRDD.map{_.split(",")}

case class CustomerData(customerid: Int, name: String, city: String, state:
String, zip: String)

val dataDF = parsedRDD.map{ a =>CustomerData (a(0).toInt, a(1).toString,
a(2).toString,a(3).toString,a(4).toString) }.toDF
```

将 DataFrame 注册为一个临时表，这样我们就可以使用 SQL 对它进行查询。

```
dataDF.createOrReplaceTempView("dataDF")
```

让我们设置连接属性。

```
val jdbcUsername = "myuser"
val jdbcPassword = "mypass"
val jdbcHostname = "10.0.1.112"
val jdbcPort = 3306
val jdbcDatabase ="salesdb"
val jdbcrewriteBatchedStatements = "true"
val jdbcUrl = s"jdbc:mysql://${jdbcHostname}:${jdbcPort}/${jdbcDatabase}?us
er=${jdbcUsername}&password=${jdbcPassword}&rewriteBatchedStatements=${jdbc
rewriteBatchedStatements}"

val connectionProperties = new java.util.Properties()
```

以下操作将允许我们指定正确的保存模式——追加、覆盖等。

```
import org.apache.spark.sql.SaveMode
```

将 SELECT 语句返回的数据存储在 MySQL salesdb 数据库中的 customer 表中。

```
spark.sql("select * from dataDF")
        .write
        .mode(SaveMode.Append)
        .jdbc(jdbcUrl, "customers", connectionProperties)
```

让我们使用 JDBC 读取一个表。我们用一些测试数据初始化 MySQL 中的 users
表，确保 users 表存在于 salesdb 数据库中。

```
mysql -u root -pmypassword

use salesdb;

describe users;
+--------+--------------+------+-----+---------+-------+
| Field  | Type         | Null | Key | Default | Extra |
+--------+--------------+------+-----+---------+-------+
| userid | bigint(20)   | YES  |     | NULL    |       |
| name   | varchar(100) | YES  |     | NULL    |       |
| city   | varchar(100) | YES  |     | NULL    |       |
| state  | char(3)      | YES  |     | NULL    |       |
| zip    | char(5)      | YES  |     | NULL    |       |
| age    | tinyint(4)   | YES  |     | NULL    |       |
+--------+--------------+------+-----+---------+-------+

select * from users;
Empty set (0.00 sec)

insert into users values (300,'Fred Stevens','Torrance','CA',90503,23);

insert into users values (301,'Nancy Gibbs','Valencia','CA',91354,49);

insert into users values (302,'Randy Park','Manhattan Beach','CA',90267,21);

insert into users values (303,'Victoria Loma','Rolling Hills','CA',90274,75);

select * from users;
+--------+---------------+-----------------+-------+-------+------+
| userid | name          | city            | state | zip   | age  |
+--------+---------------+-----------------+-------+-------+------+
|    300 | Fred Stevens  | Torrance        | CA    | 90503 |   23 |
|    301 | Nancy Gibbs   | Valencia        | CA    | 91354 |   49 |
|    302 | Randy Park    | Manhattan Beach | CA    | 90267 |   21 |
|    303 | Victoria Loma | Rolling Hills   | CA    | 90274 |   75 |
+--------+---------------+-----------------+-------+-------+------+

spark-shell --driver-class-path mysql-connector-java-5.1.40-bin.jar --jars
mysql-connector-java-5.1.40-bin.jar
```

让我们设置 jdbcurl 和连接属性。

```
val jdbcURL = s"jdbc:mysql://10.0.1.101:3306/salesdb?user=myuser&password=
mypass"

val connectionProperties = new java.util.Properties()
```

我们可以从整个表创建一个 DataFrame。

```
val df = spark.read.jdbc(jdbcURL, "users", connectionProperties)

df.show
+------+-------------+---------------+-----+-----+---+
|userid|         name|           city|state|  zip|age|
+------+-------------+---------------+-----+-----+---+
|   300| Fred Stevens|       Torrance|   CA|90503| 23|
|   301|  Nancy Gibbs|       Valencia|   CA|91354| 49|
|   302|   Randy Park|Manhattan Beach|   CA|90267| 21|
|   303|Victoria Loma|  Rolling Hills|   CA|90274| 75|
+------+-------------+---------------+-----+-----+---+
```

2.6.5 Parquet

读写 Parquet 是直接进行的。

```
val df = spark.read.load("/sparkdata/employees.parquet")

df.select("id","firstname","lastname","salary")
        .write
        .format("parquet")
        .save("/sparkdata/myData.parquet")

You can run SELECT statements on Parquet files directly.

val df = spark.sql("SELECT * FROM parquet.`/sparkdata/myData.parquet`")
```

2.6.6 HBase

从 Spark 访问 HBase 有多种方式。例如，可以使用 SaveAsHadoopDataset 将数据写入 HBase。启动 HBase shell。

创建一个 HBase 表，并初始化测试数据。

```
hbase shell

create 'users', 'cf1'
```

启动 spark-shell。

```
spark-shell
```

```
val hconf = HBaseConfiguration.create()
val jobConf = new JobConf(hconf, this.getClass)
jobConf.setOutputFormat(classOf[TableOutputFormat])
jobConf.set(TableOutputFormat.OUTPUT_TABLE,"users")

val num = sc.parallelize(List(1,2,3,4,5,6))

val theRDD = num.filter.map(x=>{

    val rowkey = "row" + x

val put = new Put(Bytes.toBytes(rowkey))

    put.add(Bytes.toBytes("cf1"), Bytes.toBytes("fname"), Bytes.
    toBytes("my fname" + x))

  (newImmutableBytesWritable, put)
})
theRDD.saveAsHadoopDataset(jobConf)
```

你还可以使用 Spark 的 HBase 客户端 API 向 HBase 读写数据。如前所述，Scala
可以访问所有 Java 库。

启动 HBase shell。创建另一个 HBase 表，初始化测试数据。

```
hbase shell

create 'employees', 'cf1'

put 'employees','400','cf1:name', 'Patrick Montalban'
put 'employees','400','cf1:city', 'Los Angeles'
put 'employees','400','cf1:state', 'CA'
put 'employees','400','cf1:zip', '90010'
put 'employees','400','cf1:age', '71'

put 'employees','401','cf1:name', 'Jillian Collins'
put 'employees','401','cf1:city', 'Santa Monica'
put 'employees','401','cf1:state', 'CA'
put 'employees','401','cf1:zip', '90402'
put 'employees','401','cf1:age', '45'

put 'employees','402','cf1:name', 'Robert Sarkisian'
put 'employees','402','cf1:city', 'Glendale'
put 'employees','402','cf1:state', 'CA'
put 'employees','402','cf1:zip', '91204'
put 'employees','402','cf1:age', '29'

put 'employees','403','cf1:name', 'Warren Porcaro'
```

```
put 'employees','403','cf1:city', 'Burbank'
put 'employees','403','cf1:state', 'CA'
put 'employees','403','cf1:zip', '91523'
put 'employees','403','cf1:age', '62'
```

让我们验证数据是否成功插入 HBase 表中。

```
scan 'employees'

ROW        COLUMN+CELL
 400        column=cf1:age, timestamp=1493105325812, value=71
 400        column=cf1:city, timestamp=1493105325691, value=Los Angeles
 400        column=cf1:name, timestamp=1493105325644, value=Patrick Montalban
 400        column=cf1:state, timestamp=1493105325738, value=CA
 400        column=cf1:zip, timestamp=1493105325789, value=90010
 401        column=cf1:age, timestamp=1493105334417, value=45
 401        column=cf1:city, timestamp=1493105333126, value=Santa Monica
 401        column=cf1:name, timestamp=1493105333050, value=Jillian Collins
 401        column=cf1:state, timestamp=1493105333145, value=CA
 401        column=cf1:zip, timestamp=1493105333165, value=90402
 402        column=cf1:age, timestamp=1493105346254, value=29
 402        column=cf1:city, timestamp=1493105345053, value=Glendale
 402        column=cf1:name, timestamp=1493105344979, value=Robert Sarkisian
 402        column=cf1:state, timestamp=1493105345074, value=CA
 402        column=cf1:zip, timestamp=1493105345093, value=91204
 403        column=cf1:age, timestamp=1493105353650, value=62
 403        column=cf1:city, timestamp=1493105352467, value=Burbank
 403        column=cf1:name, timestamp=1493105352445, value=Warren Porcaro
 403        column=cf1:state, timestamp=1493105352513, value=CA
 403        column=cf1:zip, timestamp=1493105352549, value=91523
```

启动 spark-shell。

```
spark-shell

import org.apache.hadoop.fs.Path;
import org.apache.hadoop.hbase.{HBaseConfiguration, HTableDescriptor}
import org.apache.hadoop.hbase.client.HBaseAdmin
import org.apache.hadoop.hbase.mapreduce.TableInputFormat
import org.apache.hadoop.hbase.HColumnDescriptor
import org.apache.hadoop.hbase.client.Put;
import org.apache.hadoop.hbase.client.Get;
import org.apache.hadoop.hbase.client.HTable;
import org.apache.hadoop.conf.Configuration;
```

```
import org.apache.hadoop.hbase.client.Result;
import org.apache.hadoop.hbase.util.Bytes;
import java.io.IOException;

val configuration = HBaseConfiguration.create()
```

指定 HBase 表和 rowkey。

```
val table = new HTable(configuration, "employees");
val g = new Get(Bytes.toBytes("401"))
val result = table.get(g);
```

从表中提取值。

```
val val2 = result.getValue(Bytes.toBytes("cf1"),Bytes.toBytes("name"));
val val3 = result.getValue(Bytes.toBytes("cf1"),Bytes.toBytes("city"));
val val4 = result.getValue(Bytes.toBytes("cf1"),Bytes.toBytes("state"));
val val5 = result.getValue(Bytes.toBytes("cf1"),Bytes.toBytes("zip"));
val val6 = result.getValue(Bytes.toBytes("cf1"),Bytes.toBytes("age"));
```

将值转换为适当的数据类型。

```
val id = Bytes.toString(result.getRow())
val name = Bytes.toString(val2);
val city = Bytes.toString(val3);
val state = Bytes.toString(val4);
val zip = Bytes.toString(val5);
val age = Bytes.toShort(val6);
```

打印值。

```
println(" employee id: " + id + " name: " + name + " city: " + city + "
state: " + state + " zip: " + zip + " age: " + age);
```

```
employee id: 401 name: Jillian Collins city: Santa Monica state: CA zip:
90402 age: 13365
```

让我们使用 HBase API 来写入 HBase。

```
val configuration = HBaseConfiguration.create()
val table = new HTable(configuration, "employees");
```

指定一个新的 rowkey。

```
val p = new Put(new String("404").getBytes());
```

用新值填充单元格。

```
p.add("cf1".getBytes(), "name".getBytes(), new String("Denise Shulman").
getBytes());
p.add("cf1".getBytes(), "city".getBytes(), new String("La Jolla").
getBytes());
p.add("cf1".getBytes(), "state".getBytes(), new String("CA").getBytes());
p.add("cf1".getBytes(), "zip".getBytes(), new String("92093").getBytes());
p.add("cf1".getBytes(), "age".getBytes(), new String("56").getBytes());
```

写入 HBase 表。

```
table.put(p);
table.close();
```

确认这些值已成功插入 HBase 表中。

启动 HBase shell。

```
hbase shell

scan 'employees'

ROW          COLUMN+CELL
 400         column=cf1:age, timestamp=1493105325812, value=71
 400         column=cf1:city, timestamp=1493105325691, value=Los Angeles
 400         column=cf1:name, timestamp=1493105325644, value=Patrick Montalban
 400         column=cf1:state, timestamp=1493105325738, value=CA
 400         column=cf1:zip, timestamp=1493105325789, value=90010
 401         column=cf1:age, timestamp=1493105334417, value=45
 401         column=cf1:city, timestamp=1493105333126, value=Santa Monica
 401         column=cf1:name, timestamp=1493105333050, value=Jillian Collins
 401         column=cf1:state, timestamp=1493105333145, value=CA
 401         column=cf1:zip, timestamp=1493105333165, value=90402
 402         column=cf1:age, timestamp=1493105346254, value=29
 402         column=cf1:city, timestamp=1493105345053, value=Glendale
 402         column=cf1:name, timestamp=1493105344979, value=Robert Sarkisian
 402         column=cf1:state, timestamp=1493105345074, value=CA
```

```
402        column=cf1:zip, timestamp=1493105345093, value=91204
403        column=cf1:age, timestamp=1493105353650, value=62
403        column=cf1:city, timestamp=1493105352467, value=Burbank
403        column=cf1:name, timestamp=1493105352445, value=Warren Porcaro
403        column=cf1:state, timestamp=1493105352513, value=CA
403        column=cf1:zip, timestamp=1493105352549, value=91523
404        column=cf1:age, timestamp=1493123890714, value=56
404        column=cf1:city, timestamp=1493123890714, value=La Jolla
404        column=cf1:name, timestamp=1493123890714, value=Denise Shulman
404        column=cf1:state, timestamp=1493123890714, value=CA
404        column=cf1:zip, timestamp=1493123890714, value=92093
```

虽然速度会慢一些，但你也可以通过 SQL 查询引擎（如 Impala 或 Presto）访问 HBase。

2.6.7 Amazon S3

Amazon S3 是一种流行的对象存储，经常被用作临时集群的数据存储。对于备份和冷数据，它也是一种经济实惠的存储方式。从 S3 读取数据就像从 HDFS 或任何其他文件系统读取数据一样。

从 Amazon S3 读取 CSV 文件。确保你已经配置了 S3 凭据。

```
val myCSV = sc.textFile("s3a://mydata/customers.csv")
```

将 CSV 数据映射到 RDD。

```
import org.apache.spark.sql.Row

val myRDD = myCSV.map(_.split(',')).map(e ⇒ Row(r(0).trim.toInt, r(1),
r(2).trim.toInt, r(3)))
```

创建一个模式。

```
import org.apache.spark.sql.types.{StructType, StructField, StringType,
IntegerType};

val mySchema = StructType(Array(
```

```
StructField("customerid",IntegerType,false),
StructField("customername",StringType,false),
StructField("age",IntegerType,false),
StructField("city",StringType,false)))

val myDF = spark.createDataFrame(myRDD, mySchema)
```

2.6.8　Solr

你可以使用 SolrJ 与来自 Spark 的 Solr 交互 [8]。

```
import java.net.MalformedURLException;
import org.apache.solr.client.solrj.SolrServerException;
import org.apache.solr.client.solrj.impl.HttpSolrServer;
import org.apache.solr.client.solrj.SolrQuery;
import org.apache.solr.client.solrj.response.QueryResponse;
import org.apache.solr.common.SolrDocumentList;

val solr = new HttpSolrServer("http://master02:8983/solr/mycollection");

val query = new SolrQuery();

query.setQuery("*:*");
query.addFilterQuery("userid:3");
query.setFields("userid","name","age","city");
query.setStart(0);
query.set("defType", "edismax");

val response = solr.query(query);
val results = response.getResults();

println(results);
```

从 Spark 访问 Solr 集合的一种更简单的方法是通过 spark-solr 包。Lucidworks 启动了 spark-solr 项目，以提供 spark-solr 集成 [9]。与 SolrJ 相比，spark-solr 更加简单和强大，允许你从 Solr 集合创建 DataFrame。

首先从 spark-shell 导入 JAR 文件。

```
spark-shell --jars spark-solr-3.0.1-shaded.jar
```

指定集合和连接信息。

```
val options = Map( "collection" -> "mycollection","zkhost" -> "{
master02:8983/solr}")
```

创建一个 DataFrame。

```
val solrDF = spark.read.format("solr")
    .options(options)
    .load
```

2.6.9　Microsoft Excel

虽然我通常不推荐使用 Spark 访问 Excel 电子表格，但某些用例需要这种功能。一家名为 Crealytics 的公司开发了一款用于与 Excel 交互的 Spark 插件。这个库需要 Spark 2.x，可以使用 --packages 命令行选项添加包。

```
spark-shell --packages com.crealytics:spark-excel_2.11:0.9.12
```

从 Excel 工作表创建一个 DataFrame。

```
val ExcelDF = spark.read
    .format("com.crealytics.spark.excel")
    .option("sheetName", "sheet1")
    .option("useHeader", "true")
    .option("inferSchema", "true")
    .option("treatEmptyValuesAsNulls", "true")
    .load("budget.xlsx")
```

将 DataFrame 写入 Excel 工作表。

```
ExcelDF2.write
  .format("com.crealytics.spark.excel")
  .option("sheetName", "sheet1")
  .option("useHeader", "true")
  .mode("overwrite")
  .save("budget2.xlsx")
```

你可以从 Crealytics 的 GitHub 页面上找到更多内容：github.com/crealytics。

2.6.10 SFTP

从 SFTP 服务器下载文件并向其写入数据也是一种流行的请求。SpringML 提供了一个 Spark SFTP 连接器库。这个库需要 Spark 2.x，并利用 SSH2 的 Java 实现 jsch。对 SFTP 服务器的读写将作为单个进程执行。

```
spark-shell --packages com.springml:spark-sftp_2.11:1.1.
```

从 SFTP 服务器中的文件创建一个 DataFrame。

```
val sftpDF = spark.read.
              format("com.springml.spark.sftp").
              option("host", "sftpserver.com").
              option("username", "myusername").
              option("password", "mypassword").
              option("inferSchema", "true").
              option("fileType", "csv").
              option("delimiter", ",").
              load("/myftp/myfile.csv")
```

将 DataFrame 作为 CSV 文件写入 FTP 服务器。

```
sftpDF2.write.
       format("com.springml.spark.sftp").
       option("host", "sftpserver.com").
       option("username", "myusername").
       option("password", "mypassword").
       option("fileType", "csv").
       option("delimiter", ",").
       save("/myftp/myfile.csv")
```

你可以从 GitHub 页面上找到更多内容：github.com/springml/spark-sftp。

2.7 Spark MLlib 介绍

机器学习是 Spark 的主要应用之一。Spark MLlib 包括回归、分类、聚类、协同过滤和频繁模式挖掘等流行的机器学习算法。它还为构建管道、模型选择和调优以及特征选择、提取和转换提供了广泛的特征集。

Spark MLlib 算法

Spark MLlib 包括用于各种任务的大量机器学习算法。我们将在后面的章节中介绍其中的大部分内容。

分类

- 逻辑回归（二项逻辑回归与多项逻辑回归）
- 决策树
- 随机森林
- 梯度提升树
- 多层感知机
- 线性支持向量机
- 朴素贝叶斯
- One-vs-Rest

回归

- 线性回归
- 决策树
- 随机森林
- 梯度提升树
- 生存回归
- 保序回归

聚类

- k-means
- 等分 k-means
- 高斯混合模型

❑ 隐含狄利克雷分布（LDA）

协同过滤

❑ 交替最小二乘法（ALS）

频繁模式挖掘

❑ FP 增长
❑ PrefixSpan

2.8 ML 管道

Spark MLlib 早期的版本只包含一个基于 RDD 的 API。基于 DataFrame 的 API 现在是 Spark 的主要 API。一旦基于 DataFrame 的 API 与基于 RDD 的 API 达到功能对等，Spark 2.3 中将不推荐使用基于 RDD 的 API[10]。基于 RDD 的 API 将在 Spark 3.0 中被删除。基于 DataFrame 的 API 通过提供一个更高层次的抽象来表示类似于关系数据库表的表格数据，使其成为实现管道的自然选择，从而简化了特征的转换。

Spark MLlib API 引入了一些创建机器学习管道的概念。图 2-3 显示了处理文本数据的简单 Spark MLlib 管道。分词器将文本分解成一个单词数据包，并将单词附加到输出 DataFrame 中。词频 – 逆文档频率（TF-IDF）将 DataFrame 作为输入，将单词数据包转换为特征向量，并将它们添加到第三个 DataFrame 中。

图 2-3 一个简单的 Spark MLlib 管道

2.8.1　管道

管道是创建机器学习工作流的连接阶段序列。这个序列可以是转换器或估计器。

2.8.2　转换器

转换器以 DataFrame 作为输入，并输出一个新的 DataFrame，其中包含了附加列。新的 DataFrame 包括来自输入 DataFrame 的列和附加列。

2.8.3　估计器

估计器是一种机器学习算法，它适合训练数据生成的模型。估计器接受训练数据并产生一个机器学习模型。

2.8.4　ParamGridBuilder

ParamGridBuilder 用于构建参数网格。CrossValidator 执行网格搜索，并在参数网格中使用用户指定的超参数组合训练模型。

2.8.5　CrossValidator

CrossValidator 交叉评估拟合的机器学习模型，并通过尝试使用用户指定的超参数组合来拟合底层估计器，再输出最佳的模型。模型选择是使用 CrossValidator 或 TrainValidationSplit 估计器来执行的。

2.8.6　评估器

评估器计算机器学习模型的性能。它输出一个度量指标以衡量拟合模型的执行情况，如精度和召回率。评估器包括 BinaryClassificationEvaluator 和 MulticlassClassificationEvaluator，分别用于二项和多项分类任务，以及用于回归任务的 RegressionEvaluator。

2.9　特征提取、转换和选择

大多数时候，在使用原始数据拟合模型之前，需要进行额外的预处理。例如，基于距离的算法要求对特征进行标准化。有些算法在分类数据采用独热编码时表现较好。文本数据通常需要分词和特征向量化。对于非常大的数据集，可能需要降维。Spark MLlib 为这些类型的任务提供了大量转换器和估计器。我将讨论 Spark MLlib 中一些最常用的转换器和估计器。

2.9.1　StringIndexer

大多数机器学习算法不能直接处理字符串，而要求数据采用数字格式。StringIndexer 是一种将标签的字符串列转换为索引的估计器。它支持四种不同的方式来生成索引：alphabetDesc、alphabetAsc、frequencyDesc 和 frequencyAsc。默认设置为 frequencyDesc，最频繁的标签设置为 0，结果按照标签频率的降序排序。

```
import org.apache.spark.ml.feature.StringIndexer

val df = spark.createDataFrame(
  Seq((0, "car"), (1, "car"), (2, "truck"), (3, "van"), (4, "van"),
  (5, "van"))
).toDF("id", "class")

df.show
+---+-----+
| id|class|
+---+-----+
|  0|  car|
|  1|  car|
|  2|truck|
|  3|  van|
|  4|  van|
|  5|  van|
+---+-----+

val model = new StringIndexer()
            .setInputCol("class")
            .setOutputCol("classIndex")

val indexer = model.fit(df)
```

```
val indexed = indexer.transform(df)

indexed.show()
+---+-----+----------+
| id|class|classIndex|
+---+-----+----------+
|  0|  car|       1.0|
|  1|  car|       1.0|
|  2|truck|       2.0|
|  3|  van|       0.0|
|  4|  van|       0.0|
|  5|  van|       0.0|
+---+-----+----------+
```

2.9.2　Tokenizer

在分析文本数据时，通常必须将句子分解为单个的术语或词。分词器就是这样做的。可以通过 RegexTokenizer 使用正则表达式来执行更高级的分词。分词通常是机器学习自然语言处理（NLP）管道的第一步。我将在第 4 章更详细地讨论 NLP。

```
import org.apache.spark.ml.feature.Tokenizer

val df = spark.createDataFrame(Seq(
  (0, "Mark gave a speech last night in Laguna Beach"),
  (1, "Oranges are full of nutrients and low in calories"),
  (2, "Eddie Van Halen is amazing")
)).toDF("id", "sentence")

df.show(false)

+---+-------------------------------------------------+
|id |sentence                                         |
+---+-------------------------------------------------+
|0  |Mark gave a speech last night in Laguna Beach    |
|1  |Oranges are full of nutrients and low in calories|
|2  |Eddie Van Halen is amazing                       |
+---+-------------------------------------------------+

val tokenizer = new Tokenizer().setInputCol("sentence").
setOutputCol("words")

val tokenized = tokenizer.transform(df)

tokenized.show(false)
```

```
+---+------------------------------------------------+
|id |sentence                                        |
+---+------------------------------------------------+
|0  |Mark gave a speech last night in Laguna Beach   |
|1  |Oranges are full of nutrients and low in calories|
|2  |Eddie Van Halen is amazing                      |
+---+------------------------------------------------+

+----------------------------------------------------+
|words                                               |
+----------------------------------------------------+
|[mark, gave, a, speech, last, night, in, laguna, beach]  |
|[oranges, are, full, of, nutrients, and, low, in, calories]|
|[eddie, van, halen, is, amazing]                    |
+----------------------------------------------------+
```

2.9.3　VectorAssembler

Spark MLlib 算法要求将特征存储在单个向量列中。通常，训练数据将以表格格式出现，其中数据存储在单独的列中。VectorAssembler 是一个转换器，它将一组列合并为单个向量列。

```
import org.apache.spark.ml.feature.VectorAssembler

val df = spark.createDataFrame(
  Seq((0, 50000, 7, 1))
).toDF("id", "income", "employment_length", "marital_status")

val assembler = new VectorAssembler()
.setInputCols(Array("income", "employment_length", "marital_status"))
.setOutputCol("features")

val df2 = assembler.transform(df)

df2.show(false)
```

```
+---+------+-----------------+--------------+-----------------+
|id |income|employment_length|marital_status|features         |
+---+------+-----------------+--------------+-----------------+
|0  |50000 |7                |1             |[50000.0,7.0,1.0]|
+---+------+-----------------+--------------+-----------------+
```

2.9.4 StandardScaler

正如在第 1 章中所讨论的，一些机器学习算法需要对特征进行标准化才能正常工作。StandardScaler 是一种将特征标准化为单位标准差与 / 或零均值的估计器。它接受两个参数：withStd 和 withMean。withStd 将特征缩放为单位标准差。该参数默认设置为 true。withMean 设置为 true，使数据缩放前以平均值为中心。该参数默认设置为 false。

```
import org.apache.spark.ml.feature.StandardScaler
import org.apache.spark.ml.feature.VectorAssembler

val df = spark.createDataFrame(
  Seq((0, 186, 200, 56),(1, 170, 198, 42))
).toDF("id", "height", "weight", "age")

val assembler = new VectorAssembler()
.setInputCols(Array("height", "weight", "age"))
.setOutputCol("features")

val df2 = assembler.transform(df)

df2.show(false)

+---+------+------+---+-----------------+
|id |height|weight|age|features         |
+---+------+------+---+-----------------+
|0  |186   |200   |56 |[186.0,200.0,56.0]|
|1  |170   |198   |42 |[170.0,198.0,42.0]|
+---+------+------+---+-----------------+

val scaler = new StandardScaler()
  .setInputCol("features")
  .setOutputCol("scaledFeatures")
  .setWithStd(true)
  .setWithMean(false)

val model = scaler.fit(df2)

val scaledData = model.transform(df2)

scaledData.select("features","scaledFeatures").show(false)
+-----------------+-------------------------------------------------------+
|features         |scaledFeatures                                         |
+-----------------+-------------------------------------------------------+
|[186.0,200.0,56.0]|[16.440232662587228,141.42135623730948,5.656854249492]|
```

```
|[170.0,198.0,42.0]|[15.026019100214134,140.0071426749364,4.2426406871192]|
+------------------+-----------------------------------------------------------+
```

用于缩放数据的其他转换器包括 Normalizer、MinMaxScaler 和 MaxAbsScaler。有关更多细节，请查看 Apache Spark 在线文档。

2.9.5　StopWordsRemover

StopWordsRemover 通常用于文本分析，它从字符串序列中删除停止词。停止词（如 I、the 和 a）对文档的含义没有多大贡献。

```
import org.apache.spark.ml.feature.StopWordsRemover

val remover = new StopWordsRemover().setInputCol("data").
setOutputCol("output")

val dataSet = spark.createDataFrame(Seq(
  (0, Seq("She", "is", "a", "cute", "baby")),
  (1, Seq("Bob", "never", "went", "to", "Seattle"))
)).toDF("id", "data")

val df = remover.transform(dataSet)

df.show(false)

+---+------------------------------+---------------------------+
|id |data                          |output                     |
+---+------------------------------+---------------------------+
|0  |[She, is, a, cute, baby]      |[cute, baby]               |
|1  |[Bob, never, went, to, Seattle]|[Bob, never, went, Seattle]|
+---+------------------------------+---------------------------+
```

2.9.6　n-gram

在执行文本分析时，有时将术语组合成 n-gram（文档中术语的组合）是有利的。创建 n-gram 有助于从文档中提取更有意义的信息。例如，单词"San"和"Diego"单独没有什么意义，但是把它们组合在一起，"San Diego"可以提供更多的含义。我们在第 4 章后面使用 n-gram。

```
import org.apache.spark.ml.feature.NGram

val df = spark.createDataFrame(Seq(
  (0, Array("Los", "Angeles", "Lobos", "San", "Francisco")),
  (1, Array("Stand", "Book", "Case", "Phone", "Mobile", "Magazine")),
  (2, Array("Deep", "Learning", "Machine", "Algorithm", "Pizza"))
)).toDF("id", "words")

val ngram = new NGram().setN(2).setInputCol("words").setOutputCol("ngrams")

val df2 = ngram.transform(df)

df2.select("ngrams").show(false)

+------------------------------------------------------------------+
|ngrams                                                            |
+------------------------------------------------------------------+
|[Los Angeles, Angeles Lobos, Lobos San, San Francisco]            |
|[Stand Book, Book Case, Case Phone, Phone Mobile, Mobile Magazine]|
|[Deep Learning, Learning Machine, Machine Algorithm, Algorithm Pizza]|
+------------------------------------------------------------------+
```

2.9.7　OneHotEncoderEstimator

独热编码将分类特征转换为二元向量，最多一个值有效，表示所有特征的集合中存在一个特定的特征值[11]。独热编码分类变量是许多机器学习算法的要求，如逻辑回归和支持向量机。OneHotEncoderEstimator 可以转换多个列，为每个输入列生成独热编码的向量列。

```
import org.apache.spark.ml.feature.StringIndexer

val df = spark.createDataFrame(
  Seq((0, "Male"), (1, "Male"), (2, "Female"), (3, "Female"),
  (4, "Female"), (5, "Male"))
).toDF("id", "gender")

df.show()

+---+------+
| id|gender|
+---+------+
|  0|  Male|
|  1|  Male|
|  2|Female|
|  3|Female|
```

```
|  4|Female|
|  5|  Male|
+---+------+

val indexer = new StringIndexer()
              .setInputCol("gender")
              .setOutputCol("genderIndex")

val indexed = indexer.fit(df).transform(df)

indexed.show()

+---+------+-----------+
| id|gender|genderIndex|
+---+------+-----------+
|  0|  Male|        1.0|
|  1|  Male|        1.0|
|  2|Female|        0.0|
|  3|Female|        0.0|
|  4|Female|        0.0|
|  5|  Male|        1.0|
+---+------+-----------+

import org.apache.spark.ml.feature.OneHotEncoderEstimator

val encoder = new OneHotEncoderEstimator()
              .setInputCols(Array("genderIndex"))
              .setOutputCols(Array("genderEnc"))

val encoded = encoder.fit(indexed).transform(indexed)

encoded.show()

+---+------+-----------+-------------+
| id|gender|genderIndex|    genderEnc|
+---+------+-----------+-------------+
|  0|  Male|        1.0|    (1,[],[])|
|  1|  Male|        1.0|    (1,[],[])|
|  2|Female|        0.0|(1,[0],[1.0])|
|  3|Female|        0.0|(1,[0],[1.0])|
|  4|Female|        0.0|(1,[0],[1.0])|
|  5|  Male|        1.0|    (1,[],[])|
+---+------+-----------+-------------+
```

2.9.8　SQLTransformer

SQLTransformer 允许使用 SQL 执行数据转换。虚拟表"__THIS__"对应于输入数据集。

```
import org.apache.spark.ml.feature.SQLTransformer

val df = spark.createDataFrame(
  Seq((0, 5.2, 6.7), (2, 25.5, 8.9))).toDF("id", "col1", "col2")

val transformer = new SQLTransformer().setStatement("SELECT ABS(col1 -
col2) as c1, MOD(col1, col2) as c2 FROM __THIS__")

val df2 = transformer.transform(df)

df2.show()

+----+-----------------+
|  c1|               c2|
+----+-----------------+
| 1.5|              5.2|
|16.6|7.699999999999999|
+----+-----------------+
```

2.9.9　词频 – 逆文档频率

词频 – 逆文档频率（TF-IDF）是文本分析中常用的特征向量化方法。在语料库中，它经常用于表示某个术语或单词对文档的重要性。转换器 HashingTF 使用特征哈希将术语转换为特征向量。估计器 IDF 对 HashingTF（或 CountVectorizer）生成的向量进行缩放。我将在第 4 章更详细地讨论 TF-IDF。

```
import org.apache.spark.ml.feature.{HashingTF, IDF, Tokenizer}

val df = spark.createDataFrame(Seq(
  (0, "Kawhi Leonard is the league MVP"),
  (1, "Caravaggio pioneered the Baroque technique"),
  (2, "Using Apache Spark is cool")
)).toDF("label", "sentence")

df.show(false)

+-----+------------------------------------------+
|label|sentence                                  |
+-----+------------------------------------------+
|0    |Kawhi Leonard is the league MVP           |
|1    |Caravaggio pioneered the Baroque technique|
|2    |Using Apache Spark is cool                |
+-----+------------------------------------------+
```

```
val tokenizer = new Tokenizer()
             .setInputCol("sentence")
             .setOutputCol("words")
val df2 = tokenizer.transform(df)

df2.select("label","words").show(false)
+-----+-------------------------------------------------+
|label|words                                            |
+-----+-------------------------------------------------+
|0    |[kawhi, leonard, is, the, league, mvp]           |
|1    |[caravaggio, pioneered, the, baroque, technique]|
|2    |[using, apache, spark, is, cool]                 |
+-----+-------------------------------------------------+

val hashingTF = new HashingTF()
             .setInputCol("words")
             .setOutputCol("features")
             .setNumFeatures(20)

val df3 = hashingTF.transform(df2)

df3.select("label","features").show(false)

+-----+-------------------------------------------+
|label|features                                   |
+-----+-------------------------------------------+
|0    |(20,[1,4,6,10,11,18],[1.0,1.0,1.0,1.0,1.0,1.0])|
|1    |(20,[1,5,10,12],[1.0,1.0,2.0,1.0])         |
|2    |(20,[1,4,5,15],[1.0,1.0,1.0,2.0])          |
+-----+-------------------------------------------+
val idf = new IDF()
        .setInputCol("features")
        .setOutputCol("scaledFeatures")

val idfModel = idf.fit(df3)

val df4 = idfModel.transform(df3)

df4.select("label", "scaledFeatures").show(3,50)
+-----+--------------------------------------------------+
|label|                                    scaledFeatures|
+-----+--------------------------------------------------+
|    0|(20,[1,4,6,10,11,18],[0.0,0.28768207245178085,0...|
|    1|(20,[1,5,10,12],[0.0,0.28768207245178085,0.5753...|
|    2|(20,[1,4,5,15],[0.0,0.28768207245178085,0.28768...|
+-----+--------------------------------------------------+
```

2.9.10　主成分分析

主成分分析（PCA）是一种降维技术，它将相关的特征组合成更小的一组线性不相关的特征，即主成分。PCA 在图像识别、异常检测等多个领域都有广泛的应用。我将在第 4 章更详细地讨论主成分分析。

```
import org.apache.spark.ml.feature.PCA
import org.apache.spark.ml.linalg.Vectors

val data = Array(
  Vectors.dense(4.2, 5.4, 8.9, 6.7, 9.1),
  Vectors.dense(3.3, 8.2, 7.0, 9.0, 7.2),
  Vectors.dense(6.1, 1.4, 2.2, 4.3, 2.9)
)
val df = spark.createDataFrame(data.map(Tuple1.apply)).toDF("features")

val pca = new PCA()
        .setInputCol("features")
        .setOutputCol("pcaFeatures")
        .setK(2)
        .fit(df)

val result = pca.transform(df).select("pcaFeatures")

result.show(false)
+------------------------------------+
|pcaFeatures                         |
+------------------------------------+
|[13.62324332562565,3.1399510055159445] |
|[14.130156836243236,-1.432033103462711]|
|[3.4900743524527704,0.6866090886347056]|
+------------------------------------+
```

2.9.11　ChiSqSelector

ChiSqSelector 使用卡方独立性检验进行特征选择。卡方检验是检验两个分类变量之间关系的一种方法。numTopFeatures 是默认的选择方法。它返回一组基于卡方检验的特征，即具有最大预测影响的特征。其他选择方法包括 percentile、fpr、fdr 和 fwe。

```
import org.apache.spark.ml.feature.ChiSqSelector
import org.apache.spark.ml.linalg.Vectors
```

```
val data = Seq(
  (0, Vectors.dense(5.1, 2.9, 5.6, 4.8), 0.0),
  (1, Vectors.dense(7.3, 8.1, 45.2, 7.6), 1.0),
  (2, Vectors.dense(8.2, 12.6, 19.5, 9.21), 1.0)
)

val df = spark.createDataset(data).toDF("id", "features", "class")

val selector = new ChiSqSelector()
              .setNumTopFeatures(1)
              .setFeaturesCol("features")
              .setLabelCol("class")
              .setOutputCol("selectedFeatures")

val df2 = selector.fit(df).transform(df)

df2.show()

+---+------------------+-----+----------------+
| id|          features|class|selectedFeatures|
+---+------------------+-----+----------------+
|  0|   [5.1,2.9,5.6,4.8]|  0.0|           [5.1]|
|  1|   [7.3,8.1,45.2,7.6]|  1.0|           [7.3]|
|  2|[8.2,12.6,19.5,9.21]|  1.0|           [8.2]|
+---+------------------+-----+----------------+
```

2.9.12　Correlation

Correlation（相关性）用来评估两个变量之间线性关系的强度。对于线性问题，你可以使用 Correlation 来选择相关的特征（特征类相关性）和识别冗余的特征（特征内部相关性）。Spark MLlib 支持 Pearson 和 Spearman 的相关性。在下面的示例中，Correlation 计算输入向量的相关矩阵。

```
import org.apache.spark.ml.linalg.{Matrix, Vectors}
import org.apache.spark.ml.stat.Correlation
import org.apache.spark.sql.Row

val data = Seq(
  Vectors.dense(5.1, 7.0, 9.0, 6.0),
  Vectors.dense(3.2, 1.1, 6.0, 9.0),
  Vectors.dense(3.5, 4.2, 9.1, 3.0),
  Vectors.dense(9.1, 2.6, 7.2, 1.8)
)
```

```
val df = data.map(Tuple1.apply).toDF("features")

+-----------------+
|         features|
+-----------------+
|[5.1,7.0,9.0,6.0]|
|[3.2,1.1,6.0,9.0]|
|[3.5,4.2,9.1,3.0]|
|[9.1,2.6,7.2,1.8]|
+-----------------+

val Row(c1: Matrix) = Correlation.corr(df, "features").head

c1: org.apache.spark.ml.linalg.Matrix =
1.0                   -0.01325851107237613  -0.08794286922175912  -0.6536434849076798
-0.01325851107237613  1.0                   0.8773748081826724    -0.1872850762579899
-0.08794286922175912  0.8773748081826724    1.0                   -0.46050932066780714
-0.6536434849076798   -0.1872850762579899   -0.46050932066780714  1.0

val Row(c2: Matrix) = Correlation.corr(df, "features", "spearman").head

c2: org.apache.spark.ml.linalg.Matrix =
1.0                   0.399999999999999     0.19999999999999898   -0.8000000000000014
0.399999999999999     1.0                   0.8000000000000035    -0.19999999999999743
0.19999999999999898   0.8000000000000035    1.0                   -0.39999999999999486
-0.8000000000000014   -0.19999999999999743  -0.39999999999999486  1.0
```

你还可以计算存储在 DataFrame 列中的值的相关性，如下所示。

```
dataDF.show

+------------+-----------+------------+-----------+-----------+-----+
|sepal_length|sepal_width|petal_length|petal_width|      class|label|
+------------+-----------+------------+-----------+-----------+-----+
|         5.1|        3.5|         1.4|        0.2|Iris-setosa|  0.0|
|         4.9|        3.0|         1.4|        0.2|Iris-setosa|  0.0|
|         4.7|        3.2|         1.3|        0.2|Iris-setosa|  0.0|
|         4.6|        3.1|         1.5|        0.2|Iris-setosa|  0.0|
|         5.0|        3.6|         1.4|        0.2|Iris-setosa|  0.0|
|         5.4|        3.9|         1.7|        0.4|Iris-setosa|  0.0|
|         4.6|        3.4|         1.4|        0.3|Iris-setosa|  0.0|
|         5.0|        3.4|         1.5|        0.2|Iris-setosa|  0.0|
|         4.4|        2.9|         1.4|        0.2|Iris-setosa|  0.0|
|         4.9|        3.1|         1.5|        0.1|Iris-setosa|  0.0|
|         5.4|        3.7|         1.5|        0.2|Iris-setosa|  0.0|
|         4.8|        3.4|         1.6|        0.2|Iris-setosa|  0.0|
|         4.8|        3.0|         1.4|        0.1|Iris-setosa|  0.0|
```

```
|           4.3|        3.0|           1.1|        0.1|Iris-setosa|   0.0|
|           5.8|        4.0|           1.2|        0.2|Iris-setosa|   0.0|
|           5.7|        4.4|           1.5|        0.4|Iris-setosa|   0.0|
|           5.4|        3.9|           1.3|        0.4|Iris-setosa|   0.0|
|           5.1|        3.5|           1.4|        0.3|Iris-setosa|   0.0|
|           5.7|        3.8|           1.7|        0.3|Iris-setosa|   0.0|
|           5.1|        3.8|           1.5|        0.3|Iris-setosa|   0.0|
+------------+----------+------------+----------+-----------+-----+

dataDF.stat.corr("petal_length","label")
res48: Double = 0.9490425448523336

dataDF.stat.corr("petal_width","label")
res49: Double = 0.9564638238016178

dataDF.stat.corr("sepal_length","label")
res50: Double = 0.7825612318100821

dataDF.stat.corr("sepal_width","label")
res51: Double = -0.41944620026002677
```

2.10　评估指标

如第 1 章所述，精度、召回率和准确率是评估模型性能的重要评估指标。然而，对于某些问题，它们可能并不总是最佳的指标。

2.10.1　AUROC

接收者操作特征曲线下面积（AUROC）是评估二项分类器性能的常用指标。接收者操作特征曲线（ROC）是依据真阳性率与假阳性率绘制的图。曲线下面积（AUC）是 ROC 曲线下的面积。在对随机阳性样本和随机阴性样本进行预测时，将阳性样本预测为阳性的概率假设为 P0，将阴性样本预测为阳性的概率假设为 P1，AUC 就是 P0 大于 P1 的概率 [12]。曲线下的面积越大（AUROC 越接近 1.0），模型的性能越好。AUROC 为 0.5 的模型是无用的，因为它的预测准确率和随机猜测的准确率一样。

```
import org.apache.spark.ml.evaluation.BinaryClassificationEvaluator

val evaluator = new BinaryClassificationEvaluator()
```

```
        .setMetricName("areaUnderROC")
        .setRawPredictionCol("rawPrediction")
        .setLabelCol("label")
```

2.10.2　F1 度量

F1 度量或 F1 分数是精度和召回率的调和平均值或加权平均值。它是评估多类别分类器的常用性能指标。在类别分布不均的情况下，这也是一个很好的度量。最好的 F1 分数是 1，而最差的分数是 0。一个好的 F1 度量意味着你有较低的假阴性和较低的假阳性。F1 度量定义如下：F1 度量 =2*（精度 * 召回率）/（精度 + 召回率）。

```
import org.apache.spark.ml.evaluation.MulticlassClassificationEvaluator

val evaluator = new MulticlassClassificationEvaluator()
            .setMetricName("f1")
            .setLabelCol("label")
            .setPredictionCol("prediction")
```

2.10.3　均方根误差

均方根误差（RMSE）是回归任务最常用的指标。RMSE 就是均方误差（MSE）的平方根。MSE 通过回归线上的点到回归线的距离或"误差"并用其平方来表示回归线与一组数据点的接近程度[13]。MSE 越小，越拟合。但是，MSE 与原始数据的单位不匹配，因为该值是平方的，而 RMSE 与输出具有相同的单位。

```
import org.apache.spark.ml.evaluation.RegressionEvaluator

val evaluator = new RegressionEvaluator()
            .setLabelCol("label")
            .setPredictionCol("prediction")
            .setMetricName("rmse")
```

在后面的章节中，将介绍其他评估指标，如集合内误差平方和（WSSSE）和轮廓系数。有关 Spark MLlib 支持的所有评估指标的完整内容，请参见 Spark 的在线文档。

2.11   模型持久化

Spark MLlib 允许你保存模型并在以后加载它们。如果你想将你的模型与第三方
应用程序集成，或者与团队的其他成员共享它们，那么这一点特别有用。

保存单个随机森林模型。

```
rf = RandomForestClassifier(numBin=10,numTrees=30)
model = rf.fit(training)
model.save("modelpath")
```

加载单个随机森林模型。

```
val model2 = RandomForestClassificationModel.load("modelpath")
```

保存单个完整管道。

```
val pipeline = new Pipeline().setStages(Array(labelIndexer,vectorAssembler,
rf))
val cv = new CrossValidator().setEstimator(pipeline)
val model = cv.fit(training)
model.save("modelpath")
```

加载完整管道。

```
val model2 = CrossValidatorModel.load("modelpath")
```

2.12   Spark MLlib 示例

我们来举个例子。我们将使用 UCI 机器学习库中的心脏病数据集 [14] 来预测心
脏病的存在。这些数据是由 Robert Detrano 医学博士和他在长滩弗吉尼亚州医疗中心
和克利夫兰诊所的团队收集的。在历史上，克利夫兰数据集一直是许多研究的主题，
所以我们将使用该数据集。原始数据集有 76 个属性，但只有 14 个属性用于 ML 研

究（如表 2-1）。我们将执行二项分类并确定患者是否患有心脏病（如清单 2-2）。

表 2-1　克利夫兰心脏病数据集属性信息

属性	描述
age	年龄
sex	性别
cp	胸痛类型
trestbps	静息血压
chol	血清胆固醇（mg/dl）
fbs	空腹血糖 > 120 mg/dl
restecg	静息心电图扫描结果
thalach	最大心率
exang	运动性心绞痛
oldpeak	运动引起的 ST 低压
slope	运动时 ST 曲线的波动
ca	用荧光染色的主要血管数（0 ~ 3）
thal	铊应力测试结果
num	预测属性——心脏病诊断

我们开始吧。下载文件并复制到 HDFS。

```
wget http://archive.ics.uci.edu/ml/machine-learning-databases/heart-
disease/cleveland.data

head -n 10 processed.cleveland.data

63.0,1.0,1.0,145.0,233.0,1.0,2.0,150.0,0.0,2.3,3.0,0.0,6.0,0
67.0,1.0,4.0,160.0,286.0,0.0,2.0,108.0,1.0,1.5,2.0,3.0,3.0,2
67.0,1.0,4.0,120.0,229.0,0.0,2.0,129.0,1.0,2.6,2.0,2.0,7.0,1
37.0,1.0,3.0,130.0,250.0,0.0,0.0,187.0,0.0,3.5,3.0,0.0,3.0,0
41.0,0.0,2.0,130.0,204.0,0.0,2.0,172.0,0.0,1.4,1.0,0.0,3.0,0
56.0,1.0,2.0,120.0,236.0,0.0,0.0,178.0,0.0,0.8,1.0,0.0,3.0,0
62.0,0.0,4.0,140.0,268.0,0.0,2.0,160.0,0.0,3.6,3.0,2.0,3.0,3
57.0,0.0,4.0,120.0,354.0,0.0,0.0,163.0,1.0,0.6,1.0,0.0,3.0,0
63.0,1.0,4.0,130.0,254.0,0.0,2.0,147.0,0.0,1.4,2.0,1.0,7.0,2
53.0,1.0,4.0,140.0,203.0,1.0,2.0,155.0,1.0,3.1,3.0,0.0,7.0,1

hadoop fs -put processed.cleveland.data /tmp/data
```

我们使用 spark-shell 交互式地训练我们的模型。

清单 2-2　使用随机森林执行二项分类

```
spark-shell

val dataDF = spark.read.format("csv")
              .option("header", "true")
              .option("inferSchema", "true")
              .load(d("/tmp/data/processed.cleveland.data")
              .toDF("id","age","sex","cp","trestbps","chol","fbs","restecg",
              "thalach","exang","oldpeak","slope","ca","thal","num")

dataDF.printSchema
root
 |-- id: string (nullable = false)
 |-- age: float (nullable = true)
 |-- sex: float (nullable = true)
 |-- cp: float (nullable = true)
 |-- trestbps: float (nullable = true)
 |-- chol: float (nullable = true)
 |-- fbs: float (nullable = true)
 |-- restecg: float (nullable = true)
 |-- thalach: float (nullable = true)
 |-- exang: float (nullable = true)
 |-- oldpeak: float (nullable = true)
 |-- slope: float (nullable = true)
 |-- ca: float (nullable = true)
 |-- thal: float (nullable = true)
 |-- num: float (nullable = true)

val myFeatures = Array("age", "sex", "cp", "trestbps", "chol", "fbs",
      "restecg", "thalach", "exang", "oldpeak", "slope",
      "ca", "thal", "num")

import org.apache.spark.ml.feature.VectorAssembler

val assembler = new VectorAssembler()
              .setInputCols(myFeatures)
              .setOutputCol("features")

val dataDF2 = assembler.transform(dataDF)

import org.apache.spark.ml.feature.StringIndexer

val labelIndexer = new StringIndexer()
              .setInputCol("num")
              .setOutputCol("label")

val dataDF3 = labelIndexer.fit(dataDF2).transform(dataDF2)

val dataDF4 = dataDF3.where(dataDF3("ca").isNotNull)
```

```
                    .where(dataDF3("thal").isNotNull)
                    .where(dataDF3("num").isNotNull)
val Array(trainingData, testData) = dataDF4.randomSplit(Array(0.8, 0.2), 101)
import org.apache.spark.ml.classification.RandomForestClassifier

val rf = new RandomForestClassifier()
        .setFeatureSubsetStrategy("auto")
        .setSeed(101)

import org.apache.spark.ml.evaluation.BinaryClassificationEvaluator

val evaluator = new BinaryClassificationEvaluator().setLabelCol("label")

import org.apache.spark.ml.tuning.ParamGridBuilder

val pgrid = new ParamGridBuilder()
      .addGrid(rf.maxBins, Array(10, 20, 30))
      .addGrid(rf.maxDepth, Array(5, 10, 15))
      .addGrid(rf.numTrees, Array(20, 30, 40))
      .addGrid(rf.impurity, Array("gini", "entropy"))
      .build()

import org.apache.spark.ml.Pipeline

val pipeline = new Pipeline().setStages(Array(rf))

import org.apache.spark.ml.tuning.CrossValidator

val cv = new CrossValidator()
      .setEstimator(pipeline)
      .setEvaluator(evaluator)
      .setEstimatorParamMaps(pgrid)
      .setNumFolds(3)
```

我们现在可以对模型进行拟合。

```
val model = cv.fit(trainingData)
```

对测试数据执行预测。

```
val prediction = model.transform(testData)
```

让我们来评估这个模型。

```
import org.apache.spark.ml.param.ParamMap
```

```
val pm = ParamMap(evaluator.metricName -> "areaUnderROC")
val aucTestData = evaluator.evaluate(prediction, pm)
```

2.13 图处理

Spark 包括一个名为 GraphX 的图处理框架。有一个单独的基于数据的包叫作 GraphFrames。GraphFrames 目前还不是核心 Apache Spark 的一部分。在撰写本书时，GraphX 和 GraphFrames 仍在积极开发中 [15]。我将在第 6 章中介绍 GraphX。

2.14 超越 Spark MLlib：第三方机器学习集成

Spark 可以访问由第三方框架和库组成的丰富生态系统，这要感谢无数的开源贡献者以及微软和谷歌等公司。虽然我介绍了核心 Spark MLlib 算法，但本书主要关注更强大的下一代算法和框架，如 XGBoost、LightGBM、Isolation Forest、Spark NLP 和分布式深度学习。我将在后面的章节中介绍它们。

2.15 利用 Alluxio 优化 Spark 和 Spark MLlib

Alluxio，原名 Tachyon，是加州大学伯克利分校 AMPLab 的一个开源项目。Alluxio 是一个分布式的以内存为中心的存储系统，最初是由李浩源在 2012 年作为一个研究项目开发的，当时他还是一名博士生，也是 AMPLab 的 Apache Spark 提交人 [16]。该项目是伯克利数据分析栈（BDAS）的存储层。2015 年，李浩源为了将 Alluxio 商业化而成立了 Alluxio 公司，并获得了安德森·霍洛维茨基金 750 万美元的现金注资。今天，Alluxio 有来自世界各地 50 个组织的 200 多名贡献者，如英特尔、IBM、雅虎和红帽。百度、阿里巴巴、Rackspace 和巴克莱（Barclays）等几家知名公司目前正在使用 Alluxio 进行生产 [17]。

Alluxio 可用于优化 Spark 机器学习和深度学习的工作负载，使超大数据集的超快大数据存储成为可能。由 Alluxio 进行的深度学习基准测试显示，从 Alluxio 而不是从 S3 读取数据时，性能有显著提高 [18]。

架构

Alluxio 是一个以内存为中心的分布式存储系统，旨在成为大数据事实上的存储统一层。它提供了一个虚拟化层，用于统一不同存储引擎（如 Local FS、HDFS、S3 和 NFS）和计算框架（如 Spark、MapReduce、Hive 和 Presto）的访问。图 2-4 给出了 Alluxio 架构的概述。

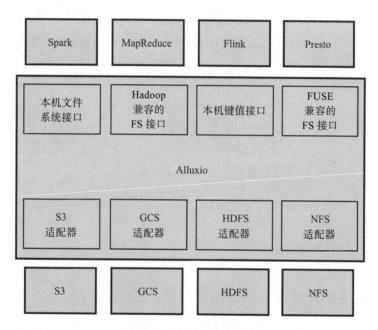

图 2-4　Alluxio 架构概述

Alluxio 是协调数据共享和指导数据访问的中间层，同时为计算框架和大数据应用程序提供高性能、低延迟的内存速度。Alluxio 与 Spark 和 Hadoop 无缝集成，只需要进行少量配置更改。通过利用 Alluxio 的统一命名空间特征，应用程序只需连接到 Alluxio 就可以访问存储在任何受支持的存储引擎中的数据。Alluxio 有自己的本机 API 和 Hadoop 兼容的文件系统接口。便利类允许用户执行最初为 Hadoop 编写的代码，而不需要进行任何修改。REST API 提供对其他语言的访问。我们将在本章的后面探讨这些 API。

Alluxio 的统一命名空间特征不支持关系数据库和 MPP 引擎（如 Redshift 或 Snowflake）或文档数据库（如 MongoDB）。当然，我们支持向 Alluxio 和上述存储引擎进行写操作。开发人员可以使用 Spark 这样的计算框架从 Redshift 表创建一个 DataFrame，并将其以 Parquet 或 CSV 格式存储在 Alluxio 文件系统中，反之亦然（如图 2-5）。

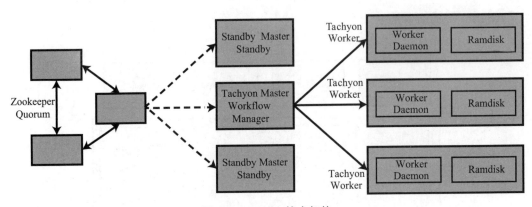

图 2-5　Alluxio 技术架构

2.16　为什么使用 Alluxio

2.16.1　显著提高大数据处理性能和可扩展性

多年来，内存越来越便宜，而其性能却越来越好。与此同时，硬盘驱动器的性能只得到了略微提高。毫无疑问，内存中的数据处理比磁盘上的数据处理快一个数量级。在几乎所有的编程模式中，我们都被建议在内存中缓存数据以提高性能。Apache Spark 相对于 MapReduce 的主要优势之一是它能够缓存数据。Alluxio 将这一点提升到了一个新的层次，它不仅提供了一个缓存层，还提供了一个完整的以内存为中心的分布式高性能存储系统。

百度运行着世界上最大的 Alluxio 集群之一，有 1000 个工作节点处理超过 2PB 的数据。由于使用 Alluxio，百度在查询和处理时间方面的性能平均各提高 10 倍和 30 倍，显著提升了百度做出重要业务决策的能力[19]。Barclays 发表了一篇文章，描述了它们使用 Alluxio 的经历。Barclays 数据科学家 Gianmario Spacagna 和高级分析部门主管 Harry Powell 使用 Alluxio 可以将他们的 Spark 工作从数小时调到数秒[20]。中国最大的旅游搜索引擎之一去哪儿（Qunar.com）在使用了 Alluxio 后，性能提升了 15 倍～ 300 倍[21]。

2.16.2　多个框架和应用程序可以以读写内存的速度共享数据

一个典型的大数据集群有多个运行于不同计算框架（如 Spark 和 MapReduce）的会话。对于 Spark，每个应用程序都有自己的执行程序进程，执行程序中的每个任务都运行在自己的 JVM 上，从而将 Spark 应用程序彼此隔离开来。这意味着 Spark（和 MapReduce）应用程序无法共享数据，只能将数据写入像 HDFS 或 S3 这样的存储系统中。如图 2-6 所示，Spark 作业和 MapReduce 作业使用存储在 HDFS 或 S3 中的相同数据。在图 2-7 中，多个 Spark 作业使用相同的数据，每个作业在自己的堆空间中存储自己版本的数据[22]。不仅是数据复制，而且通过 HDFS 或 S3 共享数据也会很慢，特别是在共享大量数据时。

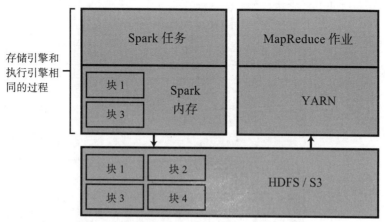

因网络 IO 和磁盘 IO，进程间数据共享延迟时间度长和吞吐量变小

图 2-6　不同的框架通过 HDFS 或 S3 共享数据

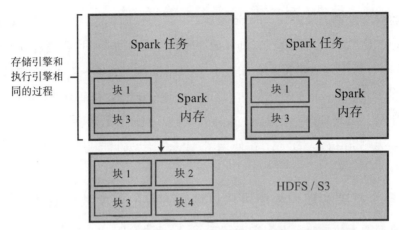

因网络 IO 和磁盘 IO，进程间数据共享延迟时间度长和吞吐量变小

图 2-7   不同的作业通过 HDFS 或 S3 共享数据

通过使用 Alluxio 作为堆外存储（如图 2-8），多个框架和作业可以以读写内存的速度共享数据，减少数据重复，增加吞吐量和减少延迟。

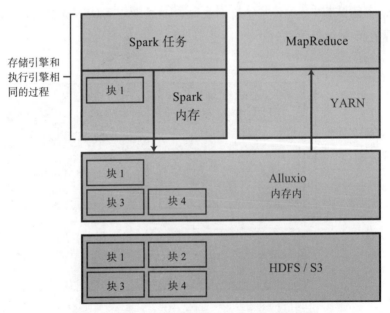

图 2-8   不同的作业和框架以内存速度共享数据

2.17　在应用程序终止或失败时提供高可用性和持久性

在 Spark 中，执行程序进程和执行程序内存驻留在同一个 JVM 中，所有缓存的数据存储在 JVM 堆空间中（如图 2-9）。

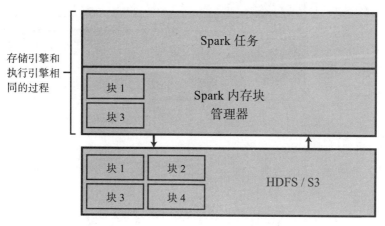

图 2-9　Spark 作业使用自己的堆内存

当作业完成或由于运行时异常导致 JVM 崩溃时，缓存在堆空间中的所有数据将丢失，如图 2-10 和图 2-11 所示。

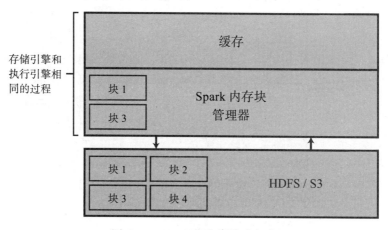

图 2-10　Spark 作业崩溃或完成

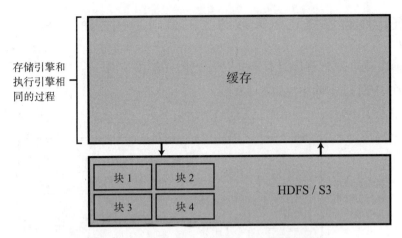

图 2-11　Spark 触发作业崩溃或完成，堆空间丢失

解决方案是使用 Alluxio 作为堆外存储（如图 2-12）。

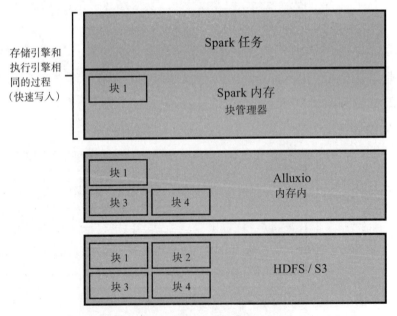

图 2-12　使用 Alluxio 作为堆外存储的 Spark

在这种情况下，即使 Spark JVM 崩溃，数据仍然在 Alluxio 中可用（如图 2-13

和图 2-14）。

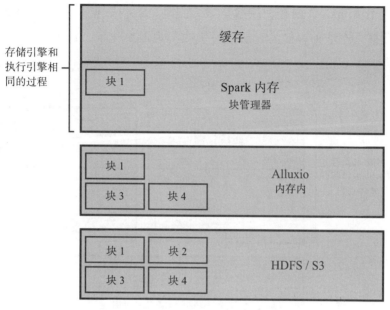

图 2-13　Spark 作业崩溃或完成

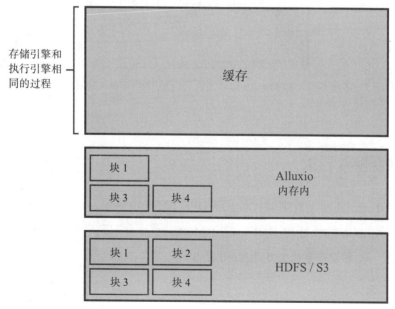

图 2-14　Spark 作业崩溃或完成，堆空间丢失，堆外内存仍然可用

2.18   优化总体内存使用并最小化垃圾收集

通过使用 Alluxio，内存使用效率大大提高，因为数据是跨作业和框架共享的，而且由于数据是在堆外存储的，所以垃圾收集也最小化了，这进一步提高了作业和应用程序的性能（如图 2-15）。

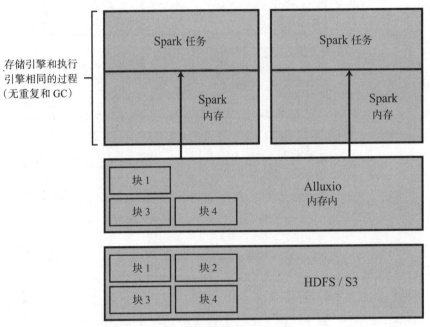

图 2-15   多个 Spark 和 MapReduce 作业可以访问存储在 Alluxio 中的相同数据

2.19   降低硬件要求

使用 Alluxio 处理大数据要比使用 HDFS 和 S3 快得多。IBM 的测试显示，在 IO 编写方面，Alluxio 的性能比 HDFS 高出 110 倍[23]。有了这种性能，对额外硬件的需求就会减少，从而节省基础设施和许可成本。

2.20 Apache Spark 和 Alluxio

在 Alluxio 中访问数据的方式类似于从 Spark 访问存储在 HDFS 和 S3 中的数据。

```
val dataRDD = sc.textFile("alluxio://localhost:19998/test01.csv")

val parsedRDD = dataRDD.map{_.split(",")}

case class CustomerData(userid: Long, city: String, state: String,
age: Short)

val dataDF = parsedRDD.map{ a =>CustomerData(a(0).toLong, a(1).toString,
a(2).toString, a(3).toShort) }.toDF

dataDF.show()

+------+--------------+-----+---+
|userid|          city|state|age|
+------+--------------+-----+---+
|   300|      Torrance|   CA| 23|
|   302|Manhattan Beach|  CA| 21|
+------+--------------+-----+---+
```

2.21 总结

本章简要介绍了 Spark 和 Spark MLlib，足以让你掌握执行常见数据处理和机器学习任务所需的技能。我的目标是让你尽快跟上进度。如果需要更全面地了解，可以阅读 Bill Chambers 和 Matei Zaharia 编写的 *Spark: The Definitive Guide*（O'Reilly，2018），其中提供了全面的 Spark 介绍。Irfan Elahi 编写的 *Scala Programming for Big Data Analytics*（Apress，2019），Jason Swartz 编写的 *Learning Scala*（O'Reilly，2014），Martin Odersky、Lex Spoon 和 Bill Venners 编写的 *Programming in Scala*（Artima，2016）都是对 Scala 的很好的介绍。本章还介绍了 Alluxio，这是一个内存内分布式计算平台，可用于优化大规模机器学习和深度学习工作负载。

2.22　参考资料

[1]　Peter Norvig et al.; "The Unreasonable Effectiveness of Data," googleuserconent.com, 2009, `https://static.googleusercontent.com/media/research.google.com/en//pubs/archive/35179.pdf`

[2]　Spark; "Spark Overview," spark.apache.org, 2019, `https://spark.apache.org/docs/2.2.0/`

[3]　Apache Software Foundation; "The Apache Software Foundation Announces Apache Spark as a Top-Level Project," blogs.apache.org, 2014, `https://blogs.apache.org/foundation/entry/the_apache_software_foundation_announces50`

[4]　Spark; "Spark News," spark.apache.org, 2019, `https://spark.apache.org/news/`

[5]　Reddit; "Matei Zaharia AMA," reddit.com, 2015, `www.reddit.com/r/IAmA/comments/31bkue/im_matei_zaharia_creator_of_spark_and_cto_at/?st=j1svbrx9&sh=a8b9698e`

[6]　Databricks; "Apache Spark," Databricks.com, 2019, `https://databricks.com/spark/about`

[7]　Databricks; "How to use SparkSession in Apache Spark 2.0," Databricks.com, 2016, `https://databricks.com/blog/2016/08/15/how-to-use-sparksession-in-apache-spark-2-0.html`

[8]　Solr; "Using SolrJ," lucene.apache.org, 2019, `https://lucene.apache.org/solr/guide/6_6/using-solrj.html`

[9]　Lucidworks; "Lucidworks Spark/Solr Integration," github.com, 2019, `https://github.com/lucidworks/spark-solr`

[10]　Spark; "Machine Learning Library (MLlib) Guide," spark.apache.org, `http://spark.apache.org/docs/latest/ml-guide.html`

[11] Spark; "OneHotEncoderEstimator," spark.apache.org, 2019, https://spark.apache.org/docs/latest/ml-features#onehotencoderestimator

[12] Google; "Classification: ROC Curve and AUC," developers. google.com, 2019, https://developers.google.com/machine-learning/crash-course/classification/roc-and-auc

[13] Stephanie Glen; "Mean Squared Error: Definition and Example," statisticshowto.datasciencecentral.com, 2013, www.statisticshowto.datasciencecentral.com/mean-squared-error/

[14] Andras Janosi, William Steinbrunn, Matthias Pfisterer, Robert Detrano; "Heart Disease Data Set," archive.ics.uci.edu, 1988, http://archive.ics.uci.edu/ml/datasets/heart+Disease

[15] Spark; "GraphX," spark.apache.org, 2019, https://spark.apache.org/graphx/

[16] Chris Mattman; "Apache Spark for the Incubator," mail-archives. apache.org, 2013, http://mail-archives.apache.org/mod_mbox/incubator-general/201306.mbox/%3CCDD80F64.D5F9D%25chris.a.mattmann@jpl.nasa.gov%3E

[17] Haoyuan Li; "Alluxio, formerly Tachyon, is Entering a New Era with 1.0 release," alluxio.io, 2016, www.alluxio.com/blog/alluxio-formerly-tachyon-is-entering-a-new-era-with-10-release

[18] Yupeng Fu; "Flexible and Fast Storage for Deep Learning with Alluxio," alluxio.io, 2018, www.alluxio.io/blog/flexible-and-fast-storage-for-deep-learning-with-alluxio/

[19] Alluxio; "Alluxio Virtualizes Distributed Storage for Petabyte Scale Computing at In-Memory Speeds," globenewswire.com, 2016, www.marketwired.com/press-release/alluxio-virtualizes-

distributed-storage-petabyte-scale-computing-in-memory-
speeds-2099053.html

[20]   Henry Powell and Gianmario Spacagna; "Making the Impossible
        Possible with Tachyon: Accelerate Spark Jobs from Hours to
        Seconds," dzone.com, 2016, https://dzone.com/articles/
        Accelerate-In-Memory-Processing-with-Spark-from-Hours-
        to-Seconds-With-Tachyon

[21]   Haoyuan Li; "Alluxio Keynote at Strata+Hadoop World
        Beijing 2016," slideshare.nct, 2016, www.slideshare.net/
        Alluxio/alluxio-keynote-at-stratahadoop-world-
        beijing-2016-65172341

[22]   Mingfei S.; "Getting Started with Tachyon by Use Cases," intel.com,
        2016, https://software.intel.com/en-us/blogs/2016/02/04/
        getting-started-with-tachyon-by-use-cases

[23]   Gil Vernik; "Tachyon for ultra-fast Big Data processing," ibm.com,
        2015, www.ibm.com/blogs/research/2015/08/tachyon-for-
        ultra-fast-big-data-processing/

第 3 章

有监督学习

最可靠的知识源于自身构建。

——Judea Pearl[1]

有监督学习是利用训练数据集进行预测的机器学习任务。有监督学习可以分为分类和回归。回归用于预测连续值，例如价格、温度或距离等，而分类用于预测类别，例如是或否、垃圾邮件或非垃圾邮件、恶性或良性。

3.1 分类

分类是最常用的有监督机器学习任务。你在不知不觉的情况下，极有可能已经用过分类的应用。比较典型的用例包括医疗诊断、定向营销、垃圾邮件检测、信用风险预测和情感分析等。其中，分类有三种类型。

3.1.1 分类类型

1. 二元分类

如果某项任务只有两个类别，那么可以认为它是二元或二项分类。例如，当使用二元分类算法检测垃圾邮件时，输出变量只包含两个类别，即垃圾邮件或非垃圾邮件；对于癌症检测，类别只能是恶性或良性；对于定向营销，在预测某人购买牛奶等商品的可能性时，类别可以简单地概括为是或否。

2. 多类别分类

多类别或多项分类任务具有三个或三个以上的类别。例如，要预测天气状况，可能有五个类别：下雨、多云、晴天、下雪和大风；对定向营销案例进行扩展，可以使用多类别分类来预测客户是否更有可能购买全脂牛奶、减脂牛奶、低脂牛奶或脱脂牛奶。

3. 多标签分类

在多标签分类中，可以为每个观察对象分配多个类别，而在多类别分类中，只能为每个观察对象分配一个类别。对于定向营销案例而言，多标签分类不仅可以用来预测客户是否更有可能购买牛奶，还可以预测其他商品，例如饼干、黄油、热狗或面包。

3.1.2 Spark MLlib 分类算法

Spark MLlib 包含多种分类算法。在这里将讨论几种最流行的算法，并且基于第 2 章的内容提供易于理解的代码示例。在本章的最后，还将讨论 XGBoost 和 LightGBM 等更高级的下一代算法。

1. 逻辑回归

逻辑回归是一种预测概率的线性分类器。它使用逻辑（sigmoid）函数将其输出转换为可以映射为两个类别的概率值，而通过多项逻辑（softmax）函数可以支持多类别分类 [2]。在本章后面我们将在示例中使用逻辑回归。

2. 支持向量机

支持向量机是一种流行的算法，其工作原理是找到使两个类别之间边距最大化的最优超平面，将数据点划分为不同的类别，并尽可能扩大其间隔。最接近分类边界的数据点称为支持向量（图 3-1）。

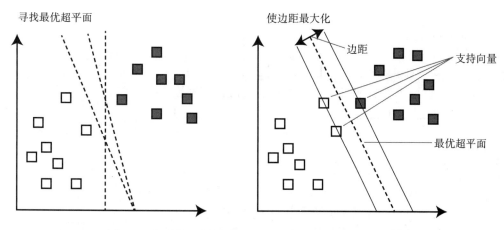

图 3-1　找到使两个类别之间边距最大化的最优超平面 [3]

3. 朴素贝叶斯

朴素贝叶斯是一种基于贝叶斯定理的简单多类别线性分类算法。朴素贝叶斯之所以得名，是因为它从一开始就假设数据集的特征之间是相互独立的，忽略特征之间的任何可能的关联。我们在本章后面的情感分析示例中将使用朴素贝叶斯算法。

4. 多层感知机

多层感知机是一种前馈人工网络，由一系列全连接的节点层组成。输入层中的节点对应输入数据集，中间层中的节点采用逻辑（sigmoid）函数，而最终输出层中的节点使用 softmax 函数来支持多类别分类。输出层中节点的数量必须与类别的数量一致 [4]。我们将在第 7 章中讨论多层感知机。

5. 决策树

决策树通过学习输入变量推断出决策规则，并使用该规则来预测输出变量的值。

从视觉上看，决策树像一棵倒置的树，其根节点位于顶部。树的每个内部节点都代表对一种属性的测试。叶子节点代表类别标签，每个分支代表测试的结果。图 3-2 是一种用于预测信用风险的决策树。

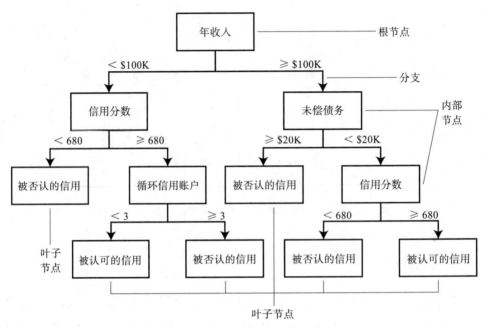

图 3-2   用于预测信用风险的决策树

决策树以递归的形式将特征空间一分为二。为了使信息增益最大化，需要从一系列拆分方法中选择一种能最大化降低不纯度的拆分方法。通过从父节点的不纯度中减去子节点不纯度的加权总和来计算信息增益。子节点的不纯度越低，信息增益就越大。达到树的最大深度（由 maxDepth 参数设置），或不能再获得大于 minInfoGain 的信息增益，或每个子节点生成的训练实例等于 minInstancesPerNode 的情况下不能再进行拆分。

有两种不纯度度量用于分类（基尼不纯度和熵），有一种不纯度度量用于回归（方差）。对于分类，Spark MLlib 中的默认不纯度度量是基尼不纯度。基尼分数是量化节点纯度的度量方式。如果基尼分数等于零（说明节点是纯净的），则节点内只存在一种类别的数据。如果基尼分数大于零，则表示该节点包含属于不同类别的数据。

决策树很容易理解。与线性模型（如逻辑回归）相比，决策树不需要特征缩放。它能够处理缺失的特征，并且可以同时使用连续特征和分类特征 [5]。使用决策树和基于树的集成时，不需要独热编码分类特征 [6]，也不建议这样做。独热编码会创建不平衡的树，并且为了达到良好的预测性能会使树变得非常深，尤其是对于高维度分类特征。

不利的一面是，决策树对数据中的噪声非常敏感，并且倾向于过拟合。由于此项限制，很少在实际生产环境中使用它。如今，决策树更多是充当强大的集成算法（例如随机森林和梯度提升树）的基础模型。

6. 随机森林

随机森林是一种使用多个决策树进行分类和回归的集成算法。它使用装袋（或自举聚合）方法以在减少方差的同时保持较低的偏差。装袋从训练数据的子集中训练不同的树。除装袋外，随机森林还使用另一种称为特征装袋的方法。与装袋（使用观察子集）不同，特征装袋使用特征（列）子集。特征装袋旨在减少决策树之间的相关性。如果没有特征装袋，那么树之间将会极其相似，尤其是在只有少数主要特征的情况下。

对于分类，针对不同树的输出或模式进行多数表决，将产生模型的最终预测结果。对于回归，不同树的输出平均值将会是最终输出（见图 3-3）。Spark 之所以能够并行训练多棵树，是因为每棵树在随机森林中都是独立训练的。我将在本章后面详细讨论随机森林。

7. 梯度提升树

梯度提升树（Gradient-Boosted Tree，GBT）是另一种类似于随机森林的基于树的集成算法。GBT 使用一种称为提升方法（boosting）的技术从弱分类器（浅树）创建强分类器。GBT 按顺序训练一个决策树集成 [7]，每个后继树会减少前一棵树的误差。这是通过使用前一个模型的残差来拟合下一个模型实现的 [8]。该残差校正过程 [9] 将执行一定的迭代次数，这个迭代次数通过交叉验证确定，直到残差被完全最小化为止。

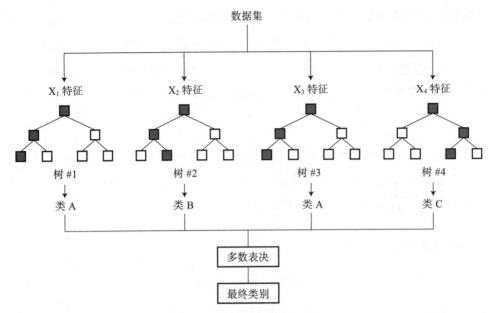

图 3-3   针对分类的随机森林

图 3-4 显示了决策树集成如何在 GBT 中工作。结合信用风险示例，根据个人的信用度将他们分到不同的叶子节点。决策树中的每个叶子都被分配一个分数，将多棵树的分数相加以获得最终预测分数。例如，图 3-4 显示了第一棵决策树给女士分配了 3 分，第二棵树给她分配了 2 分，将这两个分数加在一起，最终给女士分配了 5 分。请注意，决策树是相辅相成的，这是 GBT 的主要原则之一。将分数与每个叶子节点相关联，为 GBT 提供一种集成的优化方法[10]。

随机森林与梯度提升树

由于梯度提升树是按顺序训练的，因此通常会认为它要比随机森林慢，而且可扩展性会比随机森林差，随机森林可以并行训练多棵树。但是，由于 GBT 通常使用比随机森林更浅的树，这意味着 GBT 在单棵树上的训练速度会更快。

增加 GBT 中树的数量会增大 GBT 过拟合的可能性（GBT 通过利用更多的树来减少偏差），而随机森林中树数量的增加会减少过拟合的可能性（随机森林利用更多的树来减少方差）。一般而言，添加更多的树会优化随机森林的性能，而当树数量变得过大时，GBT 的性能会开始下降 [11]。因此，GBT 会比随机森林更难调整。

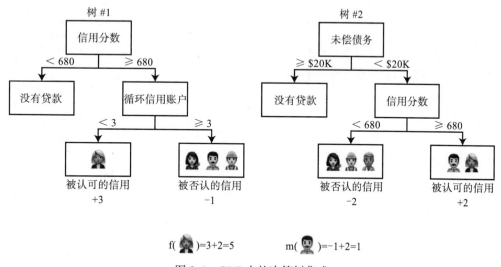

图 3-4　GBT 中的决策树集成

但如果参数调整得合适，通常认为梯度提升树会比随机森林更强大。GBT 添加新的决策树来补充先前构建的决策树集成，与随机森林相比，使用更少的树可以得到更高的预测准确率 [12]。

近年来开发的用于分类和回归的新算法（例如 XGBoost 和 LightGBM）大多数都是 GBT 的改进变体，但它们却不存在传统 GBT 的限制。

3.1.3　第三方分类和回归算法

无数开源贡献者在开发用于 Spark 的第三方机器学习算法上投入了大量的时间和精力。尽管它们并不是 Spark MLlib 库的一部分，但有诸如 Databricks（XGBoost）和微软（LightGBM）等公司在这些项目背后提供支持，使得这些算法能够在全世界范围广泛使用。目前，XGBoost 和 LightGBM 被认为是用于分类和回归的下一代机器学习算法。在对准确率和速度要求严格的情况下，它们成为首选的算法。本书将在本章后面讨论这两个算法。现在，让我们来看一些示例。

3.1.4　使用逻辑回归算法的多类别分类

逻辑回归是一种预测概率的线性分类器，因其易用性和快速的训练速度而广受欢迎，经常用于二元分类和多类别分类。如图 3-5a 所示，线性分类器适用于数据具有明确决策边界的情况，如果类别不能进行线性分离（如图 3-5b 所示），则应考虑使用非线性分类器，比如基于树的集成。

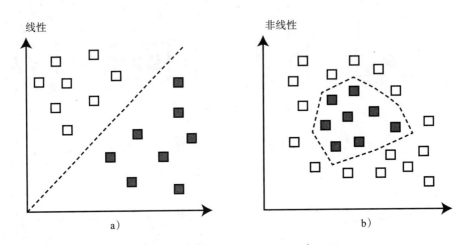

图 3-5　线性分类和非线性分类的对比

示例

我们将使用经典的 Iris 数据集处理第一个示例的多类别分类问题（参见清单 3-1）。该数据集包含 3 种类别，每种类别各有 50 个实例，其中每种类别都涉及一种鸢尾花植物——山鸢尾（Iris Setosa）、变色鸢尾（Iris Veriscolor）和维吉尼亚鸢尾（Iris Virginica）。从图 3-6 中可以看出，山鸢尾与变色鸢尾和维吉尼亚鸢尾是线性分离的，但是变色鸢尾和维吉尼亚鸢尾并不能线性分离。逻辑回归在此数据集分类时仍能起到一定的作用。

我们的目标是根据给定的特征集合预测鸢尾花的种类。数据集包含了 4 个特征：花萼长度、花萼宽度、花瓣长度、花瓣宽度（都以厘米表示）。

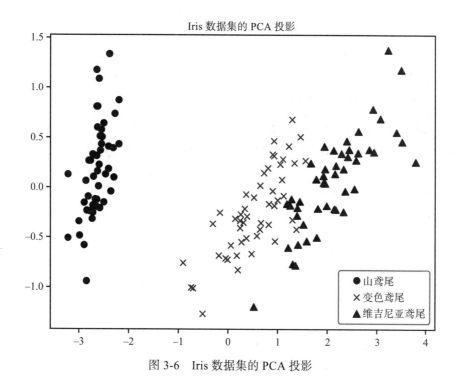

图 3-6 Iris 数据集的 PCA 投影

清单 3-1 使用逻辑回归进行分类

```
// Create a schema for our data.
import org.apache.spark.sql.types._

var irisSchema = StructType(Array (
    StructField("sepal_length",  DoubleType, true),
    StructField("sepal_width",   DoubleType, true),
    StructField("petal_length",  DoubleType, true),
    StructField("petal_width",   DoubleType, true),
    StructField("class",  StringType, true)

    ))
// Read the CSV file. Use the schema that we just defined.

val dataDF = spark.read.format("csv")
            .option("header","false")
            .schema(irisSchema)
            .load("/files/iris.data")

// Check the schema.
```

```
dataDF.printSchema

root
 |-- sepal_length: double (nullable = true)
 |-- sepal_width: double (nullable = true)
 |-- petal_length: double (nullable = true)
 |-- petal_width: double (nullable = true)
 |-- class: string (nullable = true)
```

// Inspect the data to make sure they're in the correct format.

```
dataDF.show
+------------+-----------+------------+-----------+-----------+
|sepal_length|sepal_width|petal_length|petal_width|      class|
+------------+-----------+------------+-----------+-----------+
|         5.1|        3.5|         1.4|        0.2|Iris-setosa|
|         4.9|        3.0|         1.4|        0.2|Iris-setosa|
|         4.7|        3.2|         1.3|        0.2|Iris-setosa|
|         4.6|        3.1|         1.5|        0.2|Iris-setosa|
|         5.0|        3.6|         1.4|        0.2|Iris-setosa|
|         5.4|        3.9|         1.7|        0.4|Iris-setosa|
|         4.6|        3.4|         1.4|        0.3|Iris-setosa|
|         5.0|        3.4|         1.5|        0.2|Iris-setosa|
|         4.4|        2.9|         1.4|        0.2|Iris-setosa|
|         4.9|        3.1|         1.5|        0.1|Iris-setosa|
|         5.4|        3.7|         1.5|        0.2|Iris-setosa|
|         4.8|        3.4|         1.6|        0.2|Iris-setosa|
|         4.8|        3.0|         1.4|        0.1|Iris-setosa|
|         4.3|        3.0|         1.1|        0.1|Iris-setosa|
|         5.8|        4.0|         1.2|        0.2|Iris-setosa|
|         5.7|        4.4|         1.5|        0.4|Iris-setosa|
|         5.4|        3.9|         1.3|        0.4|Iris-setosa|
|         5.1|        3.5|         1.4|        0.3|Iris-setosa|
|         5.7|        3.8|         1.7|        0.3|Iris-setosa|
|         5.1|        3.8|         1.5|        0.3|Iris-setosa|
+------------+-----------+------------+-----------+-----------+
only showing top 20 rows
```

// Calculate summary statistics for our data. This can
// be helpful in understanding the distribution of your data.

```
dataDF.describe().show(5,15)
+-------+---------------+---------------+---------------+---------------+
|summary|    sepal_length|    sepal_width|   petal_length|    petal_width|
+-------+---------------+---------------+---------------+---------------+
|  count|            150|            150|            150|            150|
|   mean|5.8433333333...|3.0540000000...|3.7586666666...|1.1986666666...|
```

```
| stddev|0.8280661279...|0.4335943113...|1.7644204199...|0.7631607417...|
|   min|            4.3|            2.0|            1.0|            0.1|
|   max|            7.9|            4.4|            6.9|            2.5|
+-------+---------------+---------------+---------------+---------------+

+--------------+
|         class|
+--------------+
|           150|
|          null|
|          null|
|   Iris-setosa|
|Iris-virginica|
+--------------+
```

```scala
// The input column class is currently a string. We'll use
// StringIndexer to encode it into a double. The new value
// will be stored in the new output column called label.
import org.apache.spark.ml.feature.StringIndexer

val labelIndexer = new StringIndexer()
                .setInputCol("class")
                .setOutputCol("label")

val dataDF2 = labelIndexer
            .fit(dataDF)
            .transform(dataDF)

// Check the schema of the new DataFrame.

dataDF2.printSchema
root
 |-- sepal_length: double (nullable = true)
 |-- sepal_width: double (nullable = true)
 |-- petal_length: double (nullable = true)
 |-- petal_width: double (nullable = true)
 |-- class: string (nullable = true)
 |-- label: double (nullable = false)

// Inspect the new column added to the DataFrame.

dataDF2.show
```

```
+------------+-----------+------------+-----------+-----------+-----+
|sepal_length|sepal_width|petal_length|petal_width|      class|label|
+------------+-----------+------------+-----------+-----------+-----+
|         5.1|        3.5|         1.4|        0.2|Iris-setosa|  0.0|
|         4.9|        3.0|         1.4|        0.2|Iris-setosa|  0.0|
|         4.7|        3.2|         1.3|        0.2|Iris-setosa|  0.0|
```

```
|            4.6|          3.1|           1.5|          0.2|Iris-setosa|   0.0|
|            5.0|          3.6|           1.4|          0.2|Iris-setosa|   0.0|
|            5.4|          3.9|           1.7|          0.4|Iris-setosa|   0.0|
|            4.6|          3.4|           1.4|          0.3|Iris-setosa|   0.0|
|            5.0|          3.4|           1.5|          0.2|Iris-setosa|   0.0|
|            4.4|          2.9|           1.4|          0.2|Iris-setosa|   0.0|
|            4.9|          3.1|           1.5|          0.1|Iris-setosa|   0.0|
|            5.4|          3.7|           1.5|          0.2|Iris-setosa|   0.0|
|            4.8|          3.4|           1.6|          0.2|Iris-setosa|   0.0|
|            4.8|          3.0|           1.4|          0.1|Iris-setosa|   0.0|
|            4.3|          3.0|           1.1|          0.1|Iris-setosa|   0.0|
|            5.8|          4.0|           1.2|          0.2|Iris-setosa|   0.0|
|            5.7|          4.4|           1.5|          0.4|Iris-setosa|   0.0|
|            5.4|          3.9|           1.3|          0.4|Iris-setosa|   0.0|
|            5.1|          3.5|           1.4|          0.3|Iris-setosa|   0.0|
|            5.7|          3.8|           1.7|          0.3|Iris-setosa|   0.0|
|            5.1|          3.8|           1.5|          0.3|Iris-setosa|   0.0|
+------------+----------+------------+----------+----------+-----+
only showing top 20 rows

// Combine the features into a single vector
// column using the VectorAssembler transformer.

import org.apache.spark.ml.feature.VectorAssembler

val features = Array("sepal_length","sepal_width","petal_length",
"petal_width")

val assembler = new VectorAssembler()
              .setInputCols(features)
              .setOutputCol("features")

val dataDF3 = assembler.transform(dataDF2)

// Inspect the new column added to the DataFrame.

dataDF3.printSchema

root
 |-- sepal_length: double (nullable = true)
 |-- sepal_width: double (nullable = true)
 |-- petal_length: double (nullable = true)
 |-- petal_width: double (nullable = true)
 |-- class: string (nullable = true)
 |-- label: double (nullable = false)
 |-- features: vector (nullable = true)

// Inspect the new column added to the DataFrame.
```

dataDF3.show

```
+-----------+----------+-----------+----------+-----------+-----+
|sepal_length|sepal_width|petal_length|petal_width|      class|label|
+-----------+----------+-----------+----------+-----------+-----+
|        5.1|       3.5|        1.4|       0.2|Iris-setosa|  0.0|
|        4.9|       3.0|        1.4|       0.2|Iris-setosa|  0.0|
|        4.7|       3.2|        1.3|       0.2|Iris-setosa|  0.0|
|        4.6|       3.1|        1.5|       0.2|Iris-setosa|  0.0|
|        5.0|       3.6|        1.4|       0.2|Iris-setosa|  0.0|
|        5.4|       3.9|        1.7|       0.4|Iris-setosa|  0.0|
|        4.6|       3.4|        1.4|       0.3|Iris-setosa|  0.0|
|        5.0|       3.4|        1.5|       0.2|Iris-setosa|  0.0|
|        4.4|       2.9|        1.4|       0.2|Iris-setosa|  0.0|
|        4.9|       3.1|        1.5|       0.1|Iris-setosa|  0.0|
|        5.4|       3.7|        1.5|       0.2|Iris-setosa|  0.0|
|        4.8|       3.4|        1.6|       0.2|Iris-setosa|  0.0|
|        4.8|       3.0|        1.4|       0.1|Iris-setosa|  0.0|
|        4.3|       3.0|        1.1|       0.1|Iris-setosa|  0.0|
|        5.8|       4.0|        1.2|       0.2|Iris-setosa|  0.0|
|        5.7|       4.4|        1.5|       0.4|Iris-setosa|  0.0|
|        5.4|       3.9|        1.3|       0.4|Iris-setosa|  0.0|
|        5.1|       3.5|        1.4|       0.3|Iris-setosa|  0.0|
|        5.7|       3.8|        1.7|       0.3|Iris-setosa|  0.0|
|        5.1|       3.8|        1.5|       0.3|Iris-setosa|  0.0|
+-----------+----------+-----------+----------+-----------+-----+
+-----------------+
|         features|
+-----------------+
|[5.1,3.5,1.4,0.2]|
|[4.9,3.0,1.4,0.2]|
|[4.7,3.2,1.3,0.2]|
|[4.6,3.1,1.5,0.2]|
|[5.0,3.6,1.4,0.2]|
|[5.4,3.9,1.7,0.4]|
|[4.6,3.4,1.4,0.3]|
|[5.0,3.4,1.5,0.2]|
|[4.4,2.9,1.4,0.2]|
|[4.9,3.1,1.5,0.1]|
|[5.4,3.7,1.5,0.2]|
|[4.8,3.4,1.6,0.2]|
|[4.8,3.0,1.4,0.1]|
|[4.3,3.0,1.1,0.1]|
|[5.8,4.0,1.2,0.2]|
|[5.7,4.4,1.5,0.4]|
```

```
|[5.4,3.9,1.3,0.4]|
|[5.1,3.5,1.4,0.3]|
|[5.7,3.8,1.7,0.3]|
|[5.1,3.8,1.5,0.3]|
+-----------------+
```

only showing top 20 rows

```
// Let's measure the statistical dependence between
// the features and the class using Pearson correlation.
dataDF3.stat.corr("petal_length","label")
res48: Double = 0.9490425448523336

dataDF3.stat.corr("petal_width","label")
res49: Double = 0.9564638238016178

dataDF3.stat.corr("sepal_length","label")
res50: Double = 0.7825612318100821

dataDF3.stat.corr("sepal_width","label")
res51: Double = -0.41944620026002677

// The petal_length and petal_width have extremely high class correlation,
// while sepal_length and sepal_width have low class correlation.
// As discussed in Chapter 2, correlation evaluates how strong the linear
// relationship between two variables. You can use correlation to select
// relevant features (feature-class correlation) and identify redundant
// features (intra-feature correlation).
// Divide our dataset into training and test datasets.
val seed = 1234

val Array(trainingData, testData) = dataDF3.randomSplit(Array(0.8, 0.2), seed)

// We can now fit a model on the training dataset
// using logistic regression.

import org.apache.spark.ml.classification.LogisticRegression

val lr = new LogisticRegression()

// Train a model using our training dataset.

val model = lr.fit(trainingData)

// Predict on our test dataset.

val predictions = model.transform(testData)

// Note the new columns added to the DataFrame:
// rawPrediction, probability, prediction.

predictions.printSchema
```

```
root
 |-- sepal_length: double (nullable = true)
 |-- sepal_width: double (nullable = true)
 |-- petal_length: double (nullable = true)
 |-- petal_width: double (nullable = true)
 |-- class: string (nullable = true)
 |-- label: double (nullable = false)
 |-- features: vector (nullable = true)
 |-- rawPrediction: vector (nullable = true)
 |-- probability: vector (nullable = true)
 |-- prediction: double (nullable = false)
```

// Inspect the predictions.

```
predictions.select("sepal_length","sepal_width",
"petal_length","petal_width","label","prediction").show
```

```
+------------+-----------+------------+-----------+-----+----------+
|sepal_length|sepal_width|petal_length|petal_width|label|prediction|
+------------+-----------+------------+-----------+-----+----------+
|         4.3|        3.0|         1.1|        0.1|  0.0|       0.0|
|         4.4|        2.9|         1.4|        0.2|  0.0|       0.0|
|         4.4|        3.0|         1.3|        0.2|  0.0|       0.0|
|         4.8|        3.1|         1.6|        0.2|  0.0|       0.0|
|         5.0|        3.3|         1.4|        0.2|  0.0|       0.0|
|         5.0|        3.4|         1.5|        0.2|  0.0|       0.0|
|         5.0|        3.6|         1.4|        0.2|  0.0|       0.0|
|         5.1|        3.4|         1.5|        0.2|  0.0|       0.0|
|         5.2|        2.7|         3.9|        1.4|  1.0|       1.0|
|         5.2|        4.1|         1.5|        0.1|  0.0|       0.0|
|         5.3|        3.7|         1.5|        0.2|  0.0|       0.0|
|         5.6|        2.9|         3.6|        1.3|  1.0|       1.0|
|         5.8|        2.8|         5.1|        2.4|  2.0|       2.0|
|         6.0|        2.2|         4.0|        1.0|  1.0|       1.0|
|         6.0|        2.9|         4.5|        1.5|  1.0|       1.0|
|         6.0|        3.4|         4.5|        1.6|  1.0|       1.0|
|         6.2|        2.8|         4.8|        1.8|  2.0|       2.0|
|         6.2|        2.9|         4.3|        1.3|  1.0|       1.0|
|         6.3|        2.8|         5.1|        1.5|  2.0|       1.0|
|         6.7|        3.1|         5.6|        2.4|  2.0|       2.0|
+------------+-----------+------------+-----------+-----+----------+
only showing top 20 rows
```

// Inspect the rawPrediction and probability columns.

```
predictions.select("rawPrediction","probability","prediction")
          .show(false)
```

```
+-----------------------------------------------------------+
```

```
|rawPrediction                                              |
+-----------------------------------------------------------+
|[-27765.164694901094,17727.78535517628,10037.379339724806] |
|[-24491.649758932126,13931.526474094646,10560.123284837473] |
|[20141.806983153703,1877.784589255676,-22019.591572409383]  |
|[-46255.06332259462,20994.503038678085,25260.560283916537]  |
|[25095.115980666546,110.99834659454791,-25206.114327261093] |
|[-41011.14350152455,17036.32945903473,23974.814042489823]   |
|[20524.55747106708,1750.139974552606,-22274.697445619684]   |
|[29601.783587714817,-1697.1845083924927,-27904.599079322325]|
|[38919.06696252647,-5453.963471106039,-33465.10349142042]   |
|[-39965.27448934488,17725.41646382807,22239.85802551682]    |
|[-18994.667253235268,12074.709651218403,6919.957602016859]  |
|[-43236.84898013162,18023.80837865029,25213.040601481334]   |
|[-31543.179893646557,16452.928101990834,15090.251791655724] |
|[-21666.087284218,13802.846783092147,7863.24050112584]      |
|[-24107.97243292983,14585.93668397567,9522.035748954155]    |
|[25629.52586174148,-192.40731255107312,-25437.11854919041]  |
|[-14271.522512385294,11041.861803401871,3229.660708983418]  |
|[-16548.06114507441,10139.917257827732,6408.143887246673]   |
|[22598.60355651257,938.4220993796007,-23537.025655892172]   |
|[-40984.78286289556,18297.704445848023,22687.078417047538]  |
+-----------------------------------------------------------+

+-------------+----------+
|probability  |prediction|
+-------------+----------+
|[0.0,1.0,0.0]|1.0       |
|[0.0,1.0,0.0]|1.0       |
|[1.0,0.0,0.0]|0.0       |
|[0.0,0.0,1.0]|2.0       |
|[1.0,0.0,0.0]|0.0       |
|[0.0,0.0,1.0]|2.0       |
|[1.0,0.0,0.0]|0.0       |
|[1.0,0.0,0.0]|0.0       |
|[1.0,0.0,0.0]|0.0       |
|[0.0,0.0,1.0]|2.0       |
|[0.0,1.0,0.0]|1.0       |
|[0.0,1.0,0.0]|1.0       |
|[0.0,1.0,0.0]|1.0       |
|[1.0,0.0,0.0]|0.0       |
|[0.0,1.0,0.0]|1.0       |
|[0.0,1.0,0.0]|1.0       |
|[1.0,0.0,0.0]|0.0       |
|[0.0,0.0,1.0]|2.0       |
+-------------+----------+
```

```
only showing top 20 rows

// Evaluate the model. Several evaluation metrics are available
// for multiclass classification: f1 (default), accuracy,
// weightedPrecision, and weightedRecall.
// I discuss evaluation metrics in more detail in Chapter 2.

import org.apache.spark.ml.evaluation.MulticlassClassificationEvaluator

val evaluator = new MulticlassClassificationEvaluator().setMetricName("f1")

val f1 = evaluator.evaluate(predictions)

f1: Double = 0.958119658119658

val wp = evaluator.setMetricName("weightedPrecision").evaluate(predictions)

wp: Double = 0.9635416666666667

val wr = evaluator.setMetricName("weightedRecall").evaluate(predictions)

wr: Double = 0.9583333333333335

val accuracy = evaluator.setMetricName("accuracy").evaluate(predictions)

accuracy: Double = 0.9583333333333334
```

　　逻辑回归是一种受欢迎的分类算法，因其快速和简便性常被用作一种基准算法。而基于树的集成因其卓越的准确率和其对数据集中复杂非线性关系的分析能力，在实际生产中会被更多选择。

3.1.5　使用随机森林算法进行流失预测

　　随机森林是一种强大的集成学习算法，它以多个决策树作为基础模型，这些决策树并行地对不同的自举数据子集进行训练。如前所述，决策树会倾向于过拟合，随机森林通过使用装袋（自举聚合法）的技术来解决过拟合问题，使用随机选择的数据子集训练每个决策树。装袋可减少模型的方差，有助于避免过拟合，同时又不增加偏差。随机森林还有特征装袋方法，能够为每个决策树随机选择特征。特征装袋的目的是减少不同树之间的相关性。

　　对于分类，最终类别由多数投票来决定，各决策树所生成的类别模式（最频繁出现的模式）成为最终类别。对于回归，各决策树输出的平均值是模型的最终输出。

由于随机森林以决策树作为其基础模型，因此继承了其大多数特性。它能够处理连续特征和分类特征，并且不需要特征缩放和独热编码。由于随机森林的层次结构性质能够同时处理两个类别，因此它在不平衡的数据上也能够表现出色。最后，随机森林还可以捕获因变量和自变量之间的非线性关系。

由于其可解释性、准确性和灵活性，随机森林成为分类和回归的最受欢迎的集成算法之一。但是，训练随机森林模型需要大量计算，这使得其非常适合在多核和分布式环境（如 Hadoop 或 Spark）上进行并行化操作。与线性模型（例如逻辑回归或朴素贝叶斯）相比，随机森林需要更多的内存和计算资源，并且随机森林在如文本或基因组数据等高维数据上的表现很差。

备注　CSIRO 生物信息学团队开发了高度可扩展的随机森林实现，该实现是为 VariantSpark RF 高维基因组数据而设计的[13]。VariantSpark RF 可以处理数百万个特征，并且在基准测试[14]中显示其可扩展性比 MLlib 的随机森林实现要高得多。你可以在 CSIRO 的生物信息学网站上找到有关 VariantSpark RF 的更多信息。ReForeSt 由意大利热那亚大学 DIBRIS 的 SmartLab 研究实验室开发，是基于随机森林的另一种高度可扩展实现[15]。ReForeSt 可以处理数百万个特征并支持旋转随机森林，这是一种新的集成方法，它扩展了经典的随机森林算法[16]。

---

1. 参数

随机森林比较容易进行调整。只要对一些重要参数[17]进行正确设置，通常就可以成功使用随机森林。

❑ max_depth：指定树的最大深度。为 max_depth 设置较高的值可以使模型更有效果，但设置得太高反而会增加过拟合的可能性，并使模型更加复杂。

❑ num_trees：指定要容纳的树数量。增加树的数量会减少方差，并且通常会提高准确率，但同时增加树的数量会减缓训练速度。针对确定的点增加更多树并不会提高其准确率。

❑ FeatureSubsetStrategy：指定在每个节点上用于分割的特征部分。设置此参数可以提高训练速度。

❑ subsamplingRate：指定用于训练每棵树的数据部分。设置此参数可以提高训练速度，并有助于防止过拟合。该参数设置得太低可能会导致欠拟合。

本书只提供了一般的参考，我们强烈建议通过执行参数寻优来确定这些参数的最佳值。有关随机森林参数的完整列表，请查阅 Spark MLlib 的在线文档。

2. 示例

客户流失预测是银行、保险公司、电信公司、有线电视运营商和流媒体服务商（如 Netflix、Hulu、Spotify 和 Apple Music 等）非常重要的分类用例。这些公司通过对取消订阅服务的客户进行预测，从而实施更有效的客户保留策略。保留客户是有价值的。据一家客户参与度分析公司的研究表明，客户流失每年给美国企业造成的损失约为 1 360 亿美元 [18]；据贝恩公司（Bain & Company）研究表明，客户保留率增加 5%，利润就会增加 25% 至 95%[19]；Lee Resource Inc. 提供的另一项统计数据表明，招揽新客户造成的公司成本会比留住现有客户高 5 倍 [20]。

在我们的示例中（如清单 3-2），将使用来自加利福尼亚大学欧文分校机器学习存储库中的电信客户流失数据集。这是一个流行的 Kaggle 数据集 [21]，在网上得到广泛使用 [22]。

对于本书中的大多数示例，我们将单独执行转换器和估计器（而不是在管道中全部指定它们），以便可以看到向结果 DataFrame 添加的新列。通过这些示例，你可以了解"幕后"的情况。

清单 3-2　使用随机森林进行客户流失预测

```
// Load the CSV file into a DataFrame.
val dataDF = spark.read.format("csv")
            .option("header", "true")
            .option("inferSchema", "true")
            .load("churn_data.txt")
// Check the schema.
```

```
dataDF.printSchema
root
 |-- state: string (nullable = true)
 |-- account_length: double (nullable = true)
 |-- area_code: double (nullable = true)
 |-- phone_number: string (nullable = true)
 |-- international_plan: string (nullable = true)
 |-- voice_mail_plan: string (nullable = true)
 |-- number_vmail_messages: double (nullable = true)
 |-- total_day_minutes: double (nullable = true)
 |-- total_day_calls: double (nullable = true)
 |-- total_day_charge: double (nullable = true)
 |-- total_eve_minutes: double (nullable = true)
 |-- total_eve_calls: double (nullable = true)
 |-- total_eve_charge: double (nullable = true)
 |-- total_night_minutes: double (nullable = true)
 |-- total_night_calls: double (nullable = true)
 |-- total_night_charge: double (nullable = true)
 |-- total_intl_minutes: double (nullable = true)
 |-- total_intl_calls: double (nullable = true)
 |-- total_intl_charge: double (nullable = true)
 |-- number_customer_service_calls: double (nullable = true)
 |-- churned: string (nullable = true)

// Select a few columns.

dataDF
.select("state","phone_number","international_plan","total_day_
minutes","churned").show
+-----+------------+-----------------+-----------------+-------+
|state|phone_number|international_plan|total_day_minutes|churned|
+-----+------------+-----------------+-----------------+-------+
|   KS|    382-4657|               no|            265.1|  False|
|   OH|    371-7191|               no|            161.6|  False|
|   NJ|    358-1921|               no|            243.4|  False|
|   OH|    375-9999|              yes|            299.4|  False|
|   OK|    330-6626|              yes|            166.7|  False|
|   AL|    391-8027|              yes|            223.4|  False|
|   MA|    355-9993|               no|            218.2|  False|
|   MO|    329-9001|              yes|            157.0|  False|
|   LA|    335-4719|               no|            184.5|  False|
|   WV|    330-8173|              yes|            258.6|  False|
|   IN|    329-6603|               no|            129.1|   True|
|   RI|    344-9403|               no|            187.7|  False|
|   IA|    363-1107|               no|            128.8|  False|
|   MT|    394-8006|               no|            156.6|  False|
```

```
|  IA|    366-9238|              no|        120.7| False|
|  NY|    351-7269|              no|        332.9|  True|
|  ID|    350-8884|              no|        196.4| False|
|  VT|    386-2923|              no|        190.7| False|
|  VA|    356-2992|              no|        189.7| False|
|  TX|    373-2782|              no|        224.4| False|
+-----+------------+----------------+----------------+------+
only showing top 20 rows

import org.apache.spark.ml.feature.StringIndexer

// Convert the string column "churned" ("True", "False") to double (1,0).

val labelIndexer = new StringIndexer()
                .setInputCol("churned")
                .setOutputCol("label")

// Convert the string column "international_plan" ("yes", "no")
// to double 1,0.

val intPlanIndexer = new StringIndexer()
                .setInputCol("international_plan")
                .setOutputCol("int_plan")

// Let's select our features. Domain knowledge is essential in feature
// selection. I would think total_day_minutes and total_day_calls have
// some influence on customer churn. A significant drop in these two
// metrics might indicate that the customer does not need the service
// any longer and may be on the verge of cancelling their phone plan.
// However, I don't think phone_number, area_code, and state have any
// predictive qualities at all. We discuss feature selection later in
// this chapter.

val features = Array("number_customer_service_calls","total_day_
minutes","total_eve_minutes","account_length","number_vmail_
messages","total_day_calls","total_day_charge","total_eve_calls","total_
eve_charge","total_night_calls","total_intl_calls","total_intl_
charge","int_plan")

// Combine a given list of columns into a single vector column
// including all the features needed to train ML models.

import org.apache.spark.ml.feature.VectorAssembler

val assembler = new VectorAssembler()
                .setInputCols(features)
                .setOutputCol("features")
// Add the label column to the DataFrame.

val dataDF2 = labelIndexer
```

```
        .fit(dataDF)
        .transform(dataDF)
```

```
dataDF2.printSchema
```

```
root
 |-- state: string (nullable = true)
 |-- account_length: double (nullable = true)
 |-- area_code: double (nullable = true)
 |-- phone_number: string (nullable = true)
 |-- international_plan: string (nullable = true)
 |-- voice_mail_plan: string (nullable = true)
 |-- number_vmail_messages: double (nullable = true)
 |-- total_day_minutes: double (nullable = true)
 |-- total_day_calls: double (nullable = true)
 |-- total_day_charge: double (nullable = true)
 |-- total_eve_minutes: double (nullable = true)
 |-- total_eve_calls: double (nullable = true)
 |-- total_eve_charge: double (nullable = true)
 |-- total_night_minutes: double (nullable = true)
 |-- total_night_calls: double (nullable = true)
 |-- total_night_charge: double (nullable = true)
 |-- total_intl_minutes: double (nullable = true)
 |-- total_intl_calls: double (nullable = true)
 |-- total_intl_charge: double (nullable = true)
 |-- number_customer_service_calls: double (nullable = true)
 |-- churned: string (nullable = true)
 |-- label: double (nullable = false)
```

```
// "True" was converted to 1 and "False" was converted to 0.
```

```
dataDF2.select("churned","label").show
+-------+-----+
|churned|label|
+-------+-----+
|  False|  0.0|
|  False|  0.0|
|  False|  0.0|
|  False|  0.0|
|  False|  0.0|
|  False|  0.0|
|  False|  0.0|
|  False|  0.0|
|  False|  0.0|
|  False|  0.0|
|   True|  1.0|
|  False|  0.0|
```

```
|  False|  0.0|
|  False|  0.0|
|  False|  0.0|
|   True|  1.0|
|  False|  0.0|
|  False|  0.0|
|  False|  0.0|
|  False|  0.0|
+-------+-----+
only showing top 20 rows
```

```
// Add the int_plan column to the DataFrame.

val dataDF3 = intPlanIndexer.fit(dataDF2).transform(dataDF2)

dataDF3.printSchema

root
 |-- state: string (nullable = true)
 |-- account_length: double (nullable = true)
 |-- area_code: double (nullable = true)
 |-- phone_number: string (nullable = true)
 |-- international_plan: string (nullable = true)
 |-- voice_mail_plan: string (nullable = true)
 |-- number_vmail_messages: double (nullable = true)
 |-- total_day_minutes: double (nullable = true)
 |-- total_day_calls: double (nullable = true)
 |-- total_day_charge: double (nullable = true)
 |-- total_eve_minutes: double (nullable = true)
 |-- total_eve_calls: double (nullable = true)
 |-- total_eve_charge: double (nullable = true)
 |-- total_night_minutes: double (nullable = true)
 |-- total_night_calls: double (nullable = true)
 |-- total_night_charge: double (nullable = true)
 |-- total_intl_minutes: double (nullable = true)
 |-- total_intl_calls: double (nullable = true)
 |-- total_intl_charge: double (nullable = true)
 |-- number_customer_service_calls: double (nullable = true)
 |-- churned: string (nullable = true)
 |-- label: double (nullable = false)
 |-- int_plan: double (nullable = false)

dataDF3.select("international_plan","int_plan").show

+------------------+--------+
|international_plan|int_plan|
+------------------+--------+
|                no|     0.0|
```

```
|                no|     0.0|
|                no|     0.0|
|               yes|     1.0|
|               yes|     1.0|
|               yes|     1.0|
|                no|     0.0|
|               yes|     1.0|
|                no|     0.0|
|               yes|     1.0|
|                no|     0.0|
|                no|     0.0|
|                no|     0.0|
|                no|     0.0|
|                no|     0.0|
|                no|     0.0|
|                no|     0.0|
|                no|     0.0|
|                no|     0.0|
|                no|     0.0|
+------------------+--------+
only showing top 20 rows
```

```
// Add the features vector column to the DataFrame.

val dataDF4 = assembler.transform(dataDF3)

dataDF4.printSchema

root
 |-- state: string (nullable = true)
 |-- account_length: double (nullable = true)
 |-- area_code: double (nullable = true)
 |-- phone_number: string (nullable = true)
 |-- international_plan: string (nullable = true)
 |-- voice_mail_plan: string (nullable = true)
 |-- number_vmail_messages: double (nullable = true)
 |-- total_day_minutes: double (nullable = true)
 |-- total_day_calls: double (nullable = true)
 |-- total_day_charge: double (nullable = true)
 |-- total_eve_minutes: double (nullable = true)
 |-- total_eve_calls: double (nullable = true)
 |-- total_eve_charge: double (nullable = true)
 |-- total_night_minutes: double (nullable = true)
 |-- total_night_calls: double (nullable = true)
 |-- total_night_charge: double (nullable = true)
 |-- total_intl_minutes: double (nullable = true)
 |-- total_intl_calls: double (nullable = true)
```

```
|-- total_intl_charge: double (nullable = true)
|-- number_customer_service_calls: double (nullable = true)
|-- churned: string (nullable = true)
|-- label: double (nullable = false)
|-- int_plan: double (nullable = false)
|-- features: vector (nullable = true)
```

```
// The features have been vectorized.
```

```
dataDF4.select("features").show(false)
```

```
+--------------------------------------------------------------------+
|features                                                            |
+--------------------------------------------------------------------+
|[1.0,265.1,197.4,128.0,25.0,110.0,45.07,99.0,16.78,91.0,3.0,2.7,0.0]  |
|[1.0,161.6,195.5,107.0,26.0,123.0,27.47,103.0,16.62,103.0,3.0,3.7,0.0]|
|[0.0,243.4,121.2,137.0,0.0,114.0,41.38,110.0,10.3,104.0,5.0,3.29,0.0] |
|[2.0,299.4,61.9,84.0,0.0,71.0,50.9,88.0,5.26,89.0,7.0,1.78,1.0]       |
|[3.0,166.7,148.3,75.0,0.0,113.0,28.34,122.0,12.61,121.0,3.0,2.73,1.0] |
|[0.0,223.4,220.6,118.0,0.0,98.0,37.98,101.0,18.75,118.0,6.0,1.7,1.0]  |
|[3.0,218.2,348.5,121.0,24.0,88.0,37.09,108.0,29.62,118.0,7.0,2.03,0.0]|
|[0.0,157.0,103.1,147.0,0.0,79.0,26.69,94.0,8.76,96.0,6.0,1.92,1.0]    |
|[1.0,184.5,351.6,117.0,0.0,97.0,31.37,80.0,29.89,90.0,4.0,2.35,0.0]   |
|[0.0,258.6,222.0,141.0,37.0,84.0,43.96,111.0,18.87,97.0,5.0,3.02,1.0] |
|[4.0,129.1,228.5,65.0,0.0,137.0,21.95,83.0,19.42,111.0,6.0,3.43,0.0]  |
|[0.0,187.7,163.4,74.0,0.0,127.0,31.91,148.0,13.89,94.0,5.0,2.46,0.0]  |
|[1.0,128.8,104.9,168.0,0.0,96.0,21.9,71.0,8.92,128.0,2.0,3.02,0.0]    |
|[3.0,156.6,247.6,95.0,0.0,88.0,26.62,75.0,21.05,115.0,5.0,3.32,0.0]   |
|[4.0,120.7,307.2,62.0,0.0,70.0,20.52,76.0,26.11,99.0,6.0,3.54,0.0]    |
|[4.0,332.9,317.8,161.0,0.0,67.0,56.59,97.0,27.01,128.0,9.0,1.46,0.0]  |
|[1.0,196.4,280.9,85.0,27.0,139.0,33.39,90.0,23.88,75.0,4.0,3.73,0.0]  |
|[3.0,190.7,218.2,93.0,0.0,114.0,32.42,111.0,18.55,121.0,3.0,2.19,0.0] |
|[1.0,189.7,212.8,76.0,33.0,66.0,32.25,65.0,18.09,108.0,5.0,2.7,0.0]   |
|[1.0,224.4,159.5,73.0,0.0,90.0,38.15,88.0,13.56,74.0,2.0,3.51,0.0]    |
+--------------------------------------------------------------------+
only showing top 20 rows
```

```
// Split the data into training and test data.
```

```
val seed = 1234
```

```
val Array(trainingData, testData) = dataDF4.randomSplit(Array(0.8, 0.2), seed)
```

```
trainingData.count
res13: Long = 4009
```

```
testData.count
res14: Long = 991
```

```
// Create a Random Forest classifier.
```

```
import org.apache.spark.ml.classification.RandomForestClassifier

val rf = new RandomForestClassifier()
        .setFeatureSubsetStrategy("auto")
        .setSeed(seed)

// Create a binary classification evaluator, and set label column to
// be used for evaluation.

import org.apache.spark.ml.evaluation.BinaryClassificationEvaluator

val evaluator = new BinaryClassificationEvaluator().setLabelCol("label")

// Create a parameter grid.

import org.apache.spark.ml.tuning.ParamGridBuilder

val paramGrid = new ParamGridBuilder()
                .addGrid(rf.maxBins, Array(10, 20,30))
                .addGrid(rf.maxDepth, Array(5, 10, 15))
                .addGrid(rf.numTrees, Array(3, 5, 100))
                .addGrid(rf.impurity, Array("gini", "entropy"))
                .build()

// Create a pipeline.
import org.apache.spark.ml.Pipeline

val pipeline = new Pipeline().setStages(Array(rf))

// Create a cross-validator.

import org.apache.spark.ml.tuning.CrossValidator

val cv = new CrossValidator()
        .setEstimator(pipeline)
        .setEvaluator(evaluator)
        .setEstimatorParamMaps(paramGrid)
        .setNumFolds(3)

// We can now fit the model using the training dataset, choosing the
// best set of parameters for the model.

val model = cv.fit(trainingData)

// You can now make some predictions on our test data.

val predictions = model.transform(testData)

// Evaluate the model.

import org.apache.spark.ml.param.ParamMap

val pmap = ParamMap(evaluator.metricName -> "areaUnderROC")

val auc = evaluator.evaluate(predictions, pmap)

auc: Double = 0.9270599683335483
```

```
// Our Random Forest classifier has a high AUC score. The test
// data consists of 991 observations. 92 customers are predicted
// to leave the service.

predictions.count
res25: Long = 991

predictions.filter("prediction=1").count
res26: Long = 92

println(s"True Negative: ${predictions.select("*").where("prediction = 0
AND label = 0").count()}  True Positive: ${predictions.select("*").
where("prediction = 1 AND label = 1").count()}")

True Negative: 837 True Positive: 81

// Our test predicted 81 customers leaving who actually did leave and also
// predicted 837 customers not leaving who actually did not leave.

println(s"False Negative: ${predictions.select("*").where("prediction = 0
AND label = 1").count()} False Positive: ${predictions.select("*").
where("prediction = 1 AND label = 0").count()}")

False Negative: 62 False Positive: 11

// Our test predicted 11 customers leaving who actually did not leave and
// also predicted 62 customers not leaving who actually did leave.

// You can sort the output by RawPrediction or Probability to target
// highest-probability customers. RawPrediction and Probability
// provide a measure of confidence for each prediction. The larger
// the value, the more confident the model is in its prediction.

predictions.select("phone_number","RawPrediction","prediction")
        .orderBy($"RawPrediction".asc)
        .show(false)

+------------+-------------------------------------+----------+
|phone_number|RawPrediction                        |prediction|
+------------+-------------------------------------+----------+
| 366-1084   |[15.038138063913935,84.96186193608602]|1.0      |
| 334-6519   |[15.072688486480072,84.9273115135199] |1.0      |
| 359-5574   |[15.276260309388752,84.72373969061123]|1.0      |
| 399-7865   |[15.429722388653014,84.57027761134698]|1.0      |
| 335-2967   |[16.465107279664032,83.53489272033593]|1.0      |
| 345-9140   |[16.53288465159445,83.46711534840551] |1.0      |
| 342-6864   |[16.694165016887318,83.30583498311265]|1.0      |
| 419-1863   |[17.594670105674677,82.4053298943253] |1.0      |
| 384-7176   |[17.92764148018115,82.07235851981882] |1.0      |
| 357-1938   |[18.8550074623437,81.1449925376563]   |1.0      |
| 355-6837   |[19.556608109022648,80.44339189097732]|1.0      |
```

```
| 417-1488  |[20.13305147603522,79.86694852396475] |1.0       |
| 394-5489  |[21.05074084178182,78.94925915821818] |1.0       |
| 394-7447  |[21.376663858426735,78.62333614157326]|1.0       |
| 339-6477  |[21.549262081786424,78.45073791821355]|1.0       |
| 406-7844  |[21.92209788389343,78.07790211610656] |1.0       |
| 372-4073  |[22.098599119168263,77.90140088083176]|1.0       |
| 404-4809  |[22.515513847987147,77.48448615201283]|1.0       |
| 347-8659  |[22.66840460762997,77.33159539237005] |1.0       |
| 335-1874  |[23.336632598761128,76.66336740123884]|1.0       |
+-----------+--------------------------------------+----------+
only showing top 20 rows
```

3. 特征重要性

随机森林（或其他基于树的集成）具有内置的特征选择功能，可用于测量数据集中每个特征的重要性（参见清单 3-3）。

随机森林的特征重要性计算方法为：每当选择一个特征来分割一个节点时，每棵树上所有节点的不纯度的降低总和除以森林中树的数量。Spark MLlib 提供了一种计算每个特征重要性估计值的方法。

清单 3-3　随机森林的特征重要性

```
import org.apache.spark.ml.classification.RandomForestClassificationModel
import org.apache.spark.ml.PipelineModel

val bestModel = model.bestModel

val model = bestModel
            .asInstanceOf[PipelineModel]
            .stages
            .last
            .asInstanceOf[RandomForestClassificationModel]

model.featureImportances

feature_importances: org.apache.spark.ml.linalg.Vector =
(13,[0,1,2,3,4,5,6,7,8,9,10,11,12],
[
0.20827010117447803,
0.1667170878866465,
0.06099491253318444,
```

```
0.008184141410796346,
0.06664053647245761,
0.0072108752126555,
0.21097011684691344,
0.006902059667276019,
0.06831916361401609,
0.00644772968425685,
0.04105403721675372,
0.056954219262186724,
0.09133501901837866])
```

我们得到一个包含特征个数、特征数组索引和对应权重的向量（在我们的示例中共有 13 个特征）。表 3-1 用清晰的格式显示了带有对应权重的特征。如你所见，total_day_charge、total_day_minutes 和 number_customer_service_ calls 是几种最重要的特征，大量的客服来电（number_customer_service_ calls）可能表示中断服务或大量的客户投诉；较低的 total_day_minutes 和 total_day_charge 可能表示客户并没有经常使用他的电话套餐，也就意味着他可能准备取消套餐。

表 3-1　电信客户流失预测示例的特征重要性

索引	特征	特征重要性
0	number_customer_service_calls	0.20827010117447803
1	total_day_minutes	0.1667170878866465
2	total_eve_minutes	0.06099491253318444
3	account_length	0.008184141410796346
4	number_vmail_messages	0.06664053647245761
5	total_day_calls	0.0072108752126555
6	total_day_charge	0.21097011684691344
7	total_eve_calls	0.006902059667276019
8	total_eve_charge	0.06831916361401609
9	total_night_calls	0.00644772968425685
10	total_intl_calls	0.04105403721675372
11	total_intl_charge	0.056954219262186724
12	int_plan	0.09133501901837866

备注　Spark MLlib 在随机森林中对特征重要性的实现被称为基于基尼的重要性或平均不纯度降低（MDI）。随机森林的其他实现利用了不同的方法来计算特征重要性，

如基于准确率的重要性或平均准确率下降（MDA）[23]。由于特征是随机排列的，因此基于准确率的重要性要基于预测准确率的下降来计算。虽然 Spark MLlib 中并没有直接对这种随机森林的实现，但可以直接通过手动排列每列特征的值进行模型评估来实现。

借鉴最优的模型参数设置往往会有帮助（见清单 3-4）。

清单 3-4　提取随机森林模型的参数

```
import org.apache.spark.ml.classification.RandomForestClassificationModel
import org.apache.spark.ml.PipelineModel

val bestModel = model
                .bestModel
                .asInstanceOf[PipelineModel]
                .stages
                .last
                .asInstanceOf[RandomForestClassificationModel]

 print(bestModel.extractParamMap)
{
        rfc_81c4d3786152-cacheNodeIds: false,
        rfc_81c4d3786152-checkpointInterval: 10,
        rfc_81c4d3786152-featureSubsetStrategy: auto,
        rfc_81c4d3786152-featuresCol: features,
        rfc_81c4d3786152-impurity: gini,
        rfc_81c4d3786152-labelCol: label,
        rfc_81c4d3786152-maxBins: 10,
        rfc_81c4d3786152-maxDepth: 15,
        rfc_81c4d3786152-maxMemoryInMB: 256,
        rfc_81c4d3786152-minInfoGain: 0.0,
        rfc_81c4d3786152-minInstancesPerNode: 1,
        rfc_81c4d3786152-numTrees: 100,
        rfc_81c4d3786152-predictionCol: prediction,
        rfc_81c4d3786152-probabilityCol: probability,
        rfc_81c4d3786152-rawPredictionCol: rawPrediction,
        rfc_81c4d3786152-seed: 1234,
        rfc_81c4d3786152-subsamplingRate: 1.0
    }
```

3.1.6　使用 XGBoost4J-Spark 的极端梯度提升算法

梯度提升算法是用于分类和回归的强大机器学习算法。目前，梯度提升算法有多种实现，比较流行有 AdaBoost 和 CatBoost（Yandex 最近开源的梯度提升库）。Spark MLlib 中也包含了自己的梯度提升树（GBT）实现。

XGBoost（极端梯度提升）是当前可用的最佳梯度提升树实现之一。XGBoost 在 2014 年 3 月 27 日由陈天奇作为研究项目发布，已成为用于分类和回归的主要机器学习算法。XGBoost 专为提高效率和缩放性而设计，其并行树提升功能使其比其他基于树的集成算法快得多。由于其高准确率，XGBoost 赢得了几次机器学习竞赛，从而获得了广泛应用。2015 年，Kaggle 上的 29 个获奖解决方案中，有 17 个使用了 XGBoost。2015 年 KDD 杯前十大解决方案均使用了 XGBoost。

XGBoost 使用梯度提升的一般原理设计，将弱分类器组合为强分类器。虽然梯度提升树是按顺序构建的，即缓慢地从数据中学习以改进其在后续迭代中的预测效果，但 XGBoost 可以并行地进行树的构建。XGBoost 通过控制模型的复杂度和其内置的正则化来减少过拟合，从而产生更好的预测效果。XGBoost 使用一种近似的算法来为连续特征找到最佳分割点 [25]。

通用近似分割方法使用离散的分箱来存储连续特征，从而显著加快了模型的训练速度。XGBoost 中包含另一种使用基于直方图算法的树生长方法，该方法提供了一种更高效的方法，将连续特征存储到离散分箱中。通用近似方法在每次迭代中都会创建一组新的分箱，而基于直方图的方法会在多次迭代中重用分箱。

此方法可以实现通用方法无法实现的其他优化操作，例如分箱缓存，以及父级和同级直方图相减的能力 [26]。为了优化排序操作，XGBoost 将排过序的数据存储在内存内的块单元中。这些排序的块可以由并行 CPU 内核高效地分配和执行。XGBoost 可以通过其加权分位数略图算法高效地处理加权数据，还可以高效地处理稀疏数据，并通过利用磁盘空间来支持针对大型数据集的核外计算，而不必将数据放入内存中。

XGBoost4J-Spark 项目于 2016 年底启动，将 XGBoost 移植到 Spark 上。XGBoost4J-Spark 充分利用了 Spark 的高度可扩展分布式处理引擎，并与 Spark MLlib 的 DataFrame/DataSet 抽象完全兼容。XGBoost4J-Spark 可以无缝地嵌入 Spark

MLlib 管道中，并且能够与 Spark MLlib 的转换器和估计器集成。

备注 XGBoost4J-Spark 需要 Apache Spark 2.4 以上版本。建议直接从 http://spark.apache.org 安装 Spark，但不保证 XGBoost4J-Spark 可与 Cloudera、Hortonworks 或 MapR 等其他供应商的第三方 Spark 发行版兼用。更多有关信息，请查阅供应商的文档[27]。

---

1. 参数

XGBoost 比随机森林的参数更多，并且通常需要更多的调整。在开始使用 XGBoost 时，要首先关注最重要的参数。随着对算法的逐渐熟悉，然后再了解其余内容。

- ❏ max_depth：指定树的最大深度。为 max_depth 设置较高的值可能会增加过拟合的可能性，并使模型更加复杂。

- ❏ n_estimators: 指定要拟合的树的数量。一般来说，该值越大越好。但将此参数设置得过高可能会影响训练速度。针对确定点来增加更多树并不会提高其准确率。该参数默认设置为 100[28]。

- ❏ sub_sample: 指定为每棵树选择的数据比例。设置此参数可以提高训练速度，并且防止过拟合。该参数设置得过低可能会导致欠拟合。

- ❏ colsample_bytree: 指定为每棵树随机选择的列比例。设置此参数可以提高训练速度，并有助于防止过拟合。与其相关的参数包括 colsample_bylevel 和 colsample_bynode。

- ❏ objective: 指定学习任务和学习目标。为该参数设置正确的值非常重要，能够避免不可预测的结果或较差的准确率。用于二元分类的 XGBClassifier 默认设置为 binary:logistic，而 XGBRegressor 默认设置为 reg:squarederror。其他设置包括用于多类别分类的 multi:softmax 和 multi:softprob；用于排名的 rank:pairwise、rank:ndcg 和 rank:map；用于 Cox 风险比例回归模型的生存分析中的 survival:cox，等等。

□ learning_rate（eta）：用作收缩因子，以在每个提升步骤之后减少特征权重，目的是降低学习率。此参数用于控制过拟合。值设置地越低需要的树越多。

□ n_jobs：指定 XGBoost 使用的并行线程数（在不建议使用 n_thread 的情况下，请使用本参数）。

上述只是有关如何使用参数的一般原则。建议你执行参数寻优以确定这些参数的最佳值。有关 XGBoost 参数的完整列表，请查阅 XGBoost 的在线文档。

备注　为了与 Scala 的变量命名约定保持一致，XGBoost4J-Spark 同时支持默认参数集和参数的驼峰大小写变体（例如 max_depth 和 maxDepth）。

---

2. 示例

此处我们将重用前面的电信客户流失数据集和之前随机森林示例中的大部分代码（参见清单 3-5）。这次，我们用管道将转换器和估计器捆绑使用。

清单 3-5　使用 XGBoost4J-Spark 进行客户流失预测

```
// XGBoost4J-Spark is available as an external package.
// Start spark-shell. Specify the XGBoost4J-Spark package.

spark-shell --packages ml.dmlc:xgboost4j-spark:0.81

// Load the CSV file into a DataFrame.

val dataDF = spark.read.format("csv")
            .option("header", "true")
            .option("inferSchema", "true")
            .load("churn_data.txt")

// Check the schema.

dataDF.printSchema

root
 |-- state: string (nullable = true)
 |-- account_length: double (nullable = true)
 |-- area_code: double (nullable = true)
 |-- phone_number: string (nullable = true)
 |-- international_plan: string (nullable = true)
```

```
|-- voice_mail_plan: string (nullable = true)
|-- number_vmail_messages: double (nullable = true)
|-- total_day_minutes: double (nullable = true)
|-- total_day_calls: double (nullable = true)
|-- total_day_charge: double (nullable = true)
|-- total_eve_minutes: double (nullable = true)
|-- total_eve_calls: double (nullable = true)
|-- total_eve_charge: double (nullable = true)
|-- total_night_minutes: double (nullable = true)
|-- total_night_calls: double (nullable = true)
|-- total_night_charge: double (nullable = true)
|-- total_intl_minutes: double (nullable = true)
|-- total_intl_calls: double (nullable = true)
|-- total_intl_charge: double (nullable = true)
|-- number_customer_service_calls: double (nullable = true)
|-- churned: string (nullable = true)

// Select a few columns.

dataDF.select("state","phone_number","international_plan","churned").show

+-----+------------+------------------+-------+
|state|phone_number|international_plan|churned|
+-----+------------+------------------+-------+
|   KS|    382-4657|                no|  False|
|   OH|    371-7191|                no|  False|
|   NJ|    358-1921|                no|  False|
|   OH|    375-9999|               yes|  False|
|   OK|    330-6626|               yes|  False|
|   AL|    391-8027|               yes|  False|
|   MA|    355-9993|                no|  False|
|   MO|    329-9001|               yes|  False|
|   LA|    335-4719|                no|  False|
|   WV|    330-8173|               yes|  False|
|   IN|    329-6603|                no|   True|
|   RI|    344-9403|                no|  False|
|   IA|    363-1107|                no|  False|
|   MT|    394-8006|                no|  False|
|   IA|    366-9238|                no|  False|
|   NY|    351-7269|                no|   True|
|   ID|    350-8884|                no|  False|
|   VT|    386-2923|                no|  False|
|   VA|    356-2992|                no|  False|
|   TX|    373-2782|                no|  False|
+-----+------------+------------------+-------+
only showing top 20 rows
```

```
import org.apache.spark.ml.feature.StringIndexer

// Convert the String "churned" column ("True", "False") to double(1,0).

val labelIndexer = new StringIndexer()
                .setInputCol("churned")
                .setOutputCol("label")

// Convert the String "international_plan" ("no", "yes") column to
double(1,0).

val intPlanIndexer = new StringIndexer()
                .setInputCol("international_plan")
                .setOutputCol("int_plan")

// Specify features to be selected for model fitting.

val features = Array("number_customer_service_calls","total_day_
minutes","total_eve_minutes","account_length","number_vmail_
messages","total_day_calls","total_day_charge","total_eve_calls","total_
eve_charge","total_night_calls","total_intl_calls","total_intl_
charge","int_plan")

// Combines the features into a single vector column.

import org.apache.spark.ml.feature.VectorAssembler

val assembler = new VectorAssembler()
                .setInputCols(features)
                .setOutputCol("features")

// Split the data into training and test data.

val seed = 1234

val Array(trainingData, testData) = dataDF.randomSplit(Array(0.8, 0.2), seed)

// Create an XGBoost classifier.

import ml.dmlc.xgboost4j.scala.spark.XGBoostClassifier
import ml.dmlc.xgboost4j.scala.spark.XGBoostClassificationModel

val xgb = new XGBoostClassifier()
            .setFeaturesCol("features")
            .setLabelCol("label")

// XGBClassifier's objective parameter defaults to binary:logistic which
// is the learning task and objective that we want for this example
// (binary classification). Depending on your task, remember to set the
// correct learning task and objective.

import org.apache.spark.ml.evaluation.MulticlassClassificationEvaluator
```

```
val evaluator = new MulticlassClassificationEvaluator().
setLabelCol("label")

import org.apache.spark.ml.tuning.ParamGridBuilder

val paramGrid = new ParamGridBuilder()
                .addGrid(xgb.maxDepth, Array(3, 8))
                .addGrid(xgb.eta, Array(0.2, 0.6))
                .build()

// This time we'll specify all the steps in the pipeline.

import org.apache.spark.ml.{ Pipeline, PipelineStage }

val pipeline = new Pipeline()
                .setStages(Array(labelIndexer, intPlanIndexer, assembler, xgb))

// Create a cross-validator.

import org.apache.spark.ml.tuning.CrossValidator

val cv = new CrossValidator()
        .setEstimator(pipeline)
        .setEvaluator(evaluator)
        .setEstimatorParamMaps(paramGrid)
        .setNumFolds(3)

// We can now fit the model using the training data. This will run
// cross-validation, choosing the best set of parameters.

val model = cv.fit(trainingData)
// You can now make some predictions on our test data.

val predictions = model.transform(testData)

predictions.printSchema

root
 |-- state: string (nullable = true)
 |-- account_length: double (nullable = true)
 |-- area_code: double (nullable = true)
 |-- phone_number: string (nullable = true)
 |-- international_plan: string (nullable = true)
 |-- voice_mail_plan: string (nullable = true)
 |-- number_vmail_messages: double (nullable = true)
 |-- total_day_minutes: double (nullable = true)
 |-- total_day_calls: double (nullable = true)
 |-- total_day_charge: double (nullable = true)
 |-- total_eve_minutes: double (nullable = true)
 |-- total_eve_calls: double (nullable = true)
```

```
|-- total_eve_charge: double (nullable = true)
|-- total_night_minutes: double (nullable = true)
|-- total_night_calls: double (nullable = true)
|-- total_night_charge: double (nullable = true)
|-- total_intl_minutes: double (nullable = true)
|-- total_intl_calls: double (nullable = true)
|-- total_intl_charge: double (nullable = true)
|-- number_customer_service_calls: double (nullable = true)
|-- churned: string (nullable = true)
|-- label: double (nullable = false)
|-- int_plan: double (nullable = false)
|-- features: vector (nullable = true)
|-- rawPrediction: vector (nullable = true)
|-- probability: vector (nullable = true)
|-- prediction: double (nullable = false)

// Let's evaluate the model.

val auc = evaluator.evaluate(predictions)
auc: Double = 0.9328044307445879

// The AUC score produced by XGBoost4J-Spark is slightly better compared
// to our previous Random Forest example. XGBoost4J-Spark was also
// faster than Random Forest in training this dataset.

// Like Random Forest, XGBoost lets you extract the feature importance.

import ml.dmlc.xgboost4j.scala.spark.XGBoostClassificationModel
import org.apache.spark.ml.PipelineModel

val bestModel = model.bestModel

val model = bestModel
            .asInstanceOf[PipelineModel]
            .stages
            .last
            .asInstanceOf[XGBoostClassificationModel]

// Execute the getFeatureScore method to extract the feature importance.

model.nativeBooster.getFeatureScore()

res9: scala.collection.mutable.Map[String,Integer] = Map(f7 -> 4, f9 ->
7, f10 -> 2, f12 -> 4, f11 -> 8, f0 -> 5, f1 -> 19, f2 -> 17, f3 -> 10,
f4 -> 2, f5 -> 3)

// The method returns a map with the key mapping to the feature
// array index and the value corresponding to the feature importance score.
```

请注意，输出结果缺少两列，total_day_charge（f6）和 total_eve_charge（f8），这些特征被认为在 XGBoost 中对提高模型的预测准确率无效（参见表 3-2）。只有在至少一个分组中使用到的特征，才能进入 XGBoost 特征重要性输出中。这里存在几种解释，一种可能意味着所删除的特征方差很小或为零；另一种也可能意味着这两个特征与其他特征高度相关。

表 3-2　使用 XGBoost4J-Spark 的特征重要性

索引	特征	特征重要性
0	number_customer_service_calls	2
1	total_day_minutes	15
2	total_eve_minutes	10
3	account_length	3
4	number_vmail_messages	2
5	total_day_calls	3
6	total_day_charge	Omitted
7	total_eve_calls	2
8	total_eve_charge	Omitted
9	total_night_calls	2
10	total_intl_calls	2
11	total_intl_charge	1
12	int_plan	5

将 XGBoost 的特征重要性输出与之前随机森林示例作比较，存在一些有趣的发现。请注意，在之前的随机森林模型中将 number_customer_service_calls 视为最重要的特征之一，但在 XGBoost 中却将其列为最不重要的特征之一。同样，之前的随机森林模型将 total_day_charge 视为最重要的特征，但是 XGBoost 由于缺乏重要性而在输出中完全忽略了它（参见清单 3-6）。

清单 3-6　提取 XGBoost4J-Spark 模型的参数

```
val bestModel = model
            .bestModel
            .asInstanceOf[PipelineModel]
            .stages
            .last
```

```
                    .asInstanceOf[XGBoostClassificationModel]
print(bestModel.extractParamMap)
{
        xgbc_9b95e70ab140-alpha: 0.0,
        xgbc_9b95e70ab140-baseScore: 0.5,
        xgbc_9b95e70ab140-checkpointInterval: -1,
        xgbc_9b95e70ab140-checkpointPath: ,
        xgbc_9b95e70ab140-colsampleBylevel: 1.0,
        xgbc_9b95e70ab140-colsampleBytree: 1.0,
        xgbc_9b95e70ab140-customEval: null,
        xgbc_9b95e70ab140-customObj: null,
        xgbc_9b95e70ab140-eta: 0.2,
        xgbc_9b95e70ab140-evalMetric: error,
        xgbc_9b95e70ab140-featuresCol: features,
        xgbc_9b95e70ab140-gamma: 0.0,
        xgbc_9b95e70ab140-growPolicy: depthwise,
        xgbc_9b95e70ab140-labelCol: label,
        xgbc_9b95e70ab140-lambda: 1.0,
        xgbc_9b95e70ab140-lambdaBias: 0.0,
        xgbc_9b95e70ab140-maxBin: 16,
        xgbc_9b95e70ab140-maxDeltaStep: 0.0,
        xgbc_9b95e70ab140-maxDepth: 8,
        xgbc_9b95e70ab140-minChildWeight: 1.0,
        xgbc_9b95e70ab140-missing: NaN,
        xgbc_9b95e70ab140-normalizeType: tree,
        xgbc_9b95e70ab140-nthread: 1,
        xgbc_9b95e70ab140-numEarlyStoppingRounds: 0,
        xgbc_9b95e70ab140-numRound: 1,
        xgbc_9b95e70ab140-numWorkers: 1,
        xgbc_9b95e70ab140-objective: reg:linear,
        xgbc_9b95e70ab140-predictionCol: prediction,
        xgbc_9b95e70ab140-probabilityCol: probability,
        xgbc_9b95e70ab140-rateDrop: 0.0,
        xgbc_9b95e70ab140-rawPredictionCol: rawPrediction,
        xgbc_9b95e70ab140-sampleType: uniform,
        xgbc_9b95e70ab140-scalePosWeight: 1.0,
        xgbc_9b95e70ab140-seed: 0,
        xgbc_9b95e70ab140-silent: 0,
        xgbc_9b95e70ab140-sketchEps: 0.03,
        xgbc_9b95e70ab140-skipDrop: 0.0,
        xgbc_9b95e70ab140-subsample: 1.0,
        xgbc_9b95e70ab140-timeoutRequestWorkers: 1800000,
        xgbc_9b95e70ab140-trackerConf: TrackerConf(0,python),
        xgbc_9b95e70ab140-trainTestRatio: 1.0,
```

```
xgbc_9b95e70ab140-treeLimit: 0,
xgbc_9b95e70ab140-treeMethod: auto,
xgbc_9b95e70ab140-useExternalMemory: false
}
```

3.1.7 LightGBM：来自微软的快速梯度提升算法

多年以来，XGBoost 一直是最受欢迎的分类和回归算法。但是最近，LightGBM 成为其新的挑战者。与 XGBoost 类似，LightGBM 是一种较新的基于树的梯度提升变体。LightGBM 于 2016 年 10 月 17 日发布，是微软分布式机器学习工具包（DMTK）项目的一部分。它快速且分布式的设计使得训练速度更快且内存使用率更低。它具有支持 GPU、采用并行学习以及能够处理大型数据集等能力。LightGBM 在多个基准测试和公共数据集实验中甚至比 XGBoost 更快，更准确。

备注 LightGBM 作为微软机器学习（MMLSpark）生态系统的一部分，已经移植到 Spark 中。微软一直在积极开发数据科学和深度学习工具，并将其与 Apache Spark 生态系统进行无缝集成，例如 Microsoft Cognitive Toolkit、OpenCV 和 LightGBM。MMLSpark 需要 Python 2.7 或 3.5＋、Scala 2.11 和 Spark 2.3+。

与 XGBoost 相比，LightGBM 具有多种优势。它利用直方图将连续特征存储到离散的分箱中，使得其与 XGBoost 相比具有性能优势（XGBoost 默认情况下使用基于预排序的算法进行树学习），比如减少内存使用量，减少计算每个分割增益的成本，降低并行学习的通信成本。LightGBM 通过对其同级和父级执行直方图减法来计算节点的直方图，从而进一步提高性能。在线基准测试显示，在某些任务中，LightGBM 比 XGBoost（无分箱）快 11 倍到 15 倍 [29]。

LightGBM 是逐叶生长（最佳优先）的，在准确率方面通常胜过 XGBoost。训练决策树主要有两种策略：逐层生长和逐叶生长（如图 3-7 所示）。逐层生长是大多数基于树的集成（包括 XGBoost）的生长决策树的传统方法。LightGBM 引入了逐叶生长策略。与逐层生长不同，逐叶生长通常会更快收敛 [30] 且实现较低的损耗 [31]。

备注　逐叶生长对小型数据集趋于过拟合。建议在 LightGBM 中设置 max_depth 参数以限制树的深度。请注意，即使设置了 max_depth，树仍会按逐叶生长 [32]。我们将在本章后面讨论 LightGBM 参数的调整。

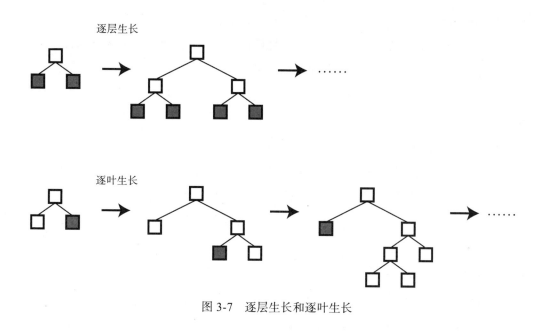

图 3-7　逐层生长和逐叶生长

备注　XGBoost 也采纳了 LightGBM 的许多优化措施，包括逐叶树生长策略以及使用直方图将连续特征存储到离散的分箱中。最新的基准测试表明 XGBoost 与 LightGBM 性能相仿 [33]。

1. 参数

与其他算法（如随机森林）相比，LightGBM 的调整会稍微复杂一些。LightGBM 使用逐叶（最佳优先）树生长算法，如果没有正确配置参数，该算法可能会过拟合。此外，LightGBM 有 100 多个参数。在开始使用 LightGBM 时，要首先关注最重要的参数，随着对算法的逐渐熟悉，然后再了解其余内容。

❑ max_depth: 设置此参数可防止树生长过深。浅树的过拟合可能性较小。如果数据集较小，则此参数的设置非常重要。

- num_leaves: 用于控制树模型的复杂度。该值应小于 2^（max_depth）以防止过拟合。将 num_leaves 设置为较大的值可以提高准确率，但同时过拟合的可能性会较高。将 num_leaves 设置为较小的值有助于防止过拟合。

- min_data_in_leaf: 将此参数设置为较大的值可以防止树生长过深。这是另一个能够帮助你控制过拟合的参数。将该值设置得太大可能会导致欠拟合。

- max_bin: LightGBM 使用直方图将连续特征的值分到离散的分箱，设置 max_bin 表示将值分组的分箱数量。较小的 max_bin 可以帮助控制过拟合并提高训练速度，而较大的值可以提高准确率。

- feature_fraction: 此参数启用特征子采样。此参数指定在每次迭代中将随机选择的特征比例。例如，将 feature_fraction 设置为 0.75 将在每次迭代中随机选择 75% 的特征。设置此参数可以提高训练速度，并有助于防止过拟合。

- bagging_fraction: 指定将在每次迭代中选择的数据比例。例如，将 bagging_fraction 设置为 0.75 将在每次迭代中随机选择 75% 的数据。设置此参数可以提高训练速度，并有助于防止过拟合。

- num_iteration: 该参数设置提升迭代次数，其默认值为 100。对于多类别分类，LightGBM 会构建 num_class * num_iteration 个迭代树。设置此参数会影响训练速度。

- objective: 与 XGBoost 一样，LightGBM 支持多个目标。默认目标设置为回归。设置此参数来指定模型要执行的任务类型。对于回归任务，选项为：regression_l2、regression_l1、poisson、quantile、mape、gamma、huber、fair 或 tweedie。对于分类任务，选项为 binary、multiclass 或 multiclassova。设置正确的目标非常重要，可以避免不可预测的结果或较差的准确性。

与前面一样，我们强烈建议执行参数寻优以确定这些参数的最佳值。有关 LightGBM 参数的详细列表，请查阅 LightGBM 在线文档。

备注　截至本书撰写之时，Spark 的 LightGBM 尚未与 Python 的 LightGBM 达

到特征一致。虽然 Spark 的 LightGBM 包含了一些最重要的参数，但仍不完整。你可以通过访问 https://bit.ly/2OqHl2M 获得 Spark 的 LightGBM 中所有可用参数的列表。你也可以将其与 LightGBM 参数的完整列表进行比较，网址为 https://bit.ly/30YGyaO。

2. 示例

我们将重用相同的电信客户流失数据集以及之前的随机森林和 XGBoost 示例中的大部分代码，如清单 3-7 所示。

清单 3-7　使用 LightGBM 进行客户流失预测

```
spark-shell --packages Azure:mmlspark:0.15

// Load the CSV file into a DataFrame.

val dataDF = spark.read.format("csv")
            .option("header", "true")
            .option("inferSchema", "true")
            .load("churn_data.txt")

// Check the schema.

dataDF.printSchema

root
 |-- state: string (nullable = true)
 |-- account_length: double (nullable = true)
 |-- area_code: double (nullable = true)
 |-- phone_number: string (nullable = true)
 |-- international_plan: string (nullable = true)
 |-- voice_mail_plan: string (nullable = true)
 |-- number_vmail_messages: double (nullable = true)
 |-- total_day_minutes: double (nullable = true)
 |-- total_day_calls: double (nullable = true)
 |-- total_day_charge: double (nullable = true)
 |-- total_eve_minutes: double (nullable = true)
 |-- total_eve_calls: double (nullable = true)
 |-- total_eve_charge: double (nullable = true)
```

```
|-- total_night_minutes: double (nullable = true)
|-- total_night_calls: double (nullable = true)
|-- total_night_charge: double (nullable = true)
|-- total_intl_minutes: double (nullable = true)
|-- total_intl_calls: double (nullable = true)
|-- total_intl_charge: double (nullable = true)
|-- number_customer_service_calls: double (nullable = true)
|-- churned: string (nullable = true)
```

```
// Select a few columns.

dataDF.select("state","phone_number","international_plan","churned").show
```

```
+-----+------------+------------------+-------+
|state|phone_number|international_plan|churned|
+-----+------------+------------------+-------+
|   KS|    382-4657|                no|  False|
|   OH|    371-7191|                no|  False|
|   NJ|    358-1921|                no|  False|
|   OH|    375-9999|               yes|  False|
|   OK|    330-6626|               yes|  False|
|   AL|    391-8027|               yes|  False|
|   MA|    355-9993|                no|  False|
|   MO|    329-9001|               yes|  False|
|   LA|    335-4719|                no|  False|
|   WV|    330-8173|               yes|  False|
|   IN|    329-6603|                no|   True|
|   RI|    344-9403|                no|  False|
|   IA|    363-1107|                no|  False|
|   MT|    394-8006|                no|  False|
|   IA|    366-9238|                no|  False|
|   NY|    351-7269|                no|   True|
|   ID|    350-8884|                no|  False|
|   VT|    386-2923|                no|  False|
|   VA|    356-2992|                no|  False|
|   TX|    373-2782|                no|  False|
+-----+------------+------------------+-------+
only showing top 20 rows
```

```
import org.apache.spark.ml.feature.StringIndexer

val labelIndexer = new StringIndexer().setInputCol("churned").
setOutputCol("label")

val intPlanIndexer = new StringIndexer().setInputCol("international_plan").
setOutputCol("int_plan")

val features = Array("number_customer_service_calls","total_day_
```

```
minutes","total_eve_minutes","account_length","number_vmail_
messages","total_day_calls","total_day_charge","total_eve_calls","total_
eve_charge","total_night_calls","total_intl_calls","total_intl_
charge","int_plan")

import org.apache.spark.ml.feature.VectorAssembler

val assembler = new VectorAssembler()
              .setInputCols(features)
              .setOutputCol("features")

val seed = 1234

val Array(trainingData, testData) = dataDF.randomSplit(Array(0.9, 0.1), seed)

// Create a LightGBM classifier.

import com.microsoft.ml.spark.LightGBMClassifier

val lightgbm = new LightGBMClassifier()
              .setFeaturesCol("features")
              .setLabelCol("label")
              .setRawPredictionCol("rawPrediction")
              .setObjective("binary")

// Remember to set the correct objective using the setObjective method.
// Specifying the incorrect objective can affect accuracy or produce
// unpredictable results. In LightGBM the default objective is set to
// regression. In this example, we are performing binary classification, so
// we set the objective to binary.
```

备注 从版本 2.4 开始，Spark 支持屏障执行模式。LightGBM 通过 setUseBarrier-ExecutionMode 方法从版本 0.18 开始支持屏障执行模式。

```
import org.apache.spark.ml.evaluation.BinaryClassificationEvaluator

val evaluator = new BinaryClassificationEvaluator()
              .setLabelCol("label")
              .setMetricName("areaUnderROC")

import org.apache.spark.ml.tuning.ParamGridBuilder

val paramGrid = new ParamGridBuilder()
              .addGrid(lightgbm.maxDepth, Array(2, 3, 4))
              .addGrid(lightgbm.numLeaves, Array(4, 6, 8))
              .addGrid(lightgbm.numIterations, Array(600))
              .build()
```

```scala
import org.apache.spark.ml.{ Pipeline, PipelineStage }

val pipeline = new Pipeline()
                .setStages(Array(labelIndexer, intPlanIndexer, assembler,
                lightgbm))

import org.apache.spark.ml.tuning.CrossValidator

val cv = new CrossValidator()
        .setEstimator(pipeline)
        .setEvaluator(evaluator)
        .setEstimatorParamMaps(paramGrid)
        .setNumFolds(3)

val model = cv.fit(trainingData)

// You can now make some predictions on our test data.

val predictions = model.transform(testData)

predictions.printSchema

root
 |-- state: string (nullable = true)
 |-- account_length: double (nullable = true)
 |-- area_code: double (nullable = true)
 |-- phone_number: string (nullable = true)
 |-- international_plan: string (nullable = true)
 |-- voice_mail_plan: string (nullable = true)
 |-- number_vmail_messages: double (nullable = true)
 |-- total_day_minutes: double (nullable = true)
 |-- total_day_calls: double (nullable = true)
 |-- total_day_charge: double (nullable = true)
 |-- total_eve_minutes: double (nullable = true)
 |-- total_eve_calls: double (nullable = true)
 |-- total_eve_charge: double (nullable = true)
 |-- total_night_minutes: double (nullable = true)
 |-- total_night_calls: double (nullable = true)
 |-- total_night_charge: double (nullable = true)
 |-- total_intl_minutes: double (nullable = true)
 |-- total_intl_calls: double (nullable = true)
 |-- total_intl_charge: double (nullable = true)
 |-- number_customer_service_calls: double (nullable = true)
 |-- churned: string (nullable = true)
 |-- label: double (nullable = false)
 |-- int_plan: double (nullable = false)
 |-- features: vector (nullable = true)
 |-- rawPrediction: vector (nullable = true)
 |-- probability: vector (nullable = true)
 |-- prediction: double (nullable = false)
```

```
// Evaluate the model. The AUC score is higher than Random Forest
// and XGBoost from our previous examples.

val auc = evaluator.evaluate(predictions)

auc: Double = 0.940366124260358

//LightGBM also lets you extract the feature importance.

import com.microsoft.ml.spark.LightGBMClassificationModel
import org.apache.spark.ml.PipelineModel

val bestModel = model.bestModel

val model = bestModel.asInstanceOf[PipelineModel]
            .stages
            .last
            .asInstanceOf[LightGBMClassificationModel]
```

LightGBM 中有两种特征重要性，"split"（分割的总数）和 "gain"（总信息增益）。通常建议使用 " gain"，这与随机森林计算特征重要性的方法大致类似，但是在我们的二元分类示例中，LightGBM 使用了交叉熵（对数损失）来替代使用基尼不纯度（请参见表 3-3 和表 3-4）。最小化损失取决于指定的目标[34]。

```
val gainFeatureImportances = model.getFeatureImportances("gain")

gainFeatureImportances: Array[Double] =
Array(2648.0893859118223, 5339.0795262902975, 2191.832309693098,
564.6461282968521, 1180.4672759771347, 656.8244850635529, 0.0,
533.6638155579567, 579.7435692846775, 651.5408382415771, 1179.492751300335,
2186.5995585918427, 1773.7864662855864)
```

表 3-3　使用 gain 的 LightGBM 算法的特征重要性

索引	特征	特征重要性
0	number_customer_service_calls	2648.0893859118223
1	total_day_minutes	5339.0795262902975
2	total_eve_minutes	2191.832309693098
3	account_length	564.6461282968521
4	number_vmail_messages	1180.4672759771347
5	total_day_calls	656.8244850635529
6	total_day_charge	0.0
7	total_eve_calls	533.6638155579567

（续）

索引	特征	特征重要性
8	total_eve_charge	579.7435692846775
9	total_night_calls	651.5408382415771
10	total_intl_calls	1179.492751300335
11	total_intl_charge	2186.5995585918427
12	int_plan	1773.7864662855864

使用"split"比较输出。

```
val gainFeatureImportances = model.getFeatureImportances("split")
gainFeatureImportances: Array[Double] = Array(159.0, 583.0, 421.0, 259.0,
133.0, 264.0, 0.0, 214.0, 92.0, 279.0, 279.0, 366.0, 58.0)
```

表 3-4   使用 split 的 LightGBM 算法的特征重要性

索引	特征	特征重要性
0	number_customer_service_calls	159.0
1	total_day_minutes	583.0
2	total_eve_minutes	421.0
3	account_length	259.0
4	number_vmail_messages	133.0
5	total_day_calls	264.0
6	total_day_charge	0.0
7	total_eve_calls	214.0
8	total_eve_charge	92.0
9	total_night_calls	279.0
10	total_intl_calls	279.0
11	total_intl_charge	366.0
12	int_plan	58.0

```
println(s"True Negative: ${predictions.select("*").where("prediction =
0 AND label = 0").count()}  True Positive: ${predictions.select("*").
where("prediction = 1 AND label = 1").count()}")

True Negative: 407   True Positive: 58

println(s"False Negative: ${predictions.select("*").where("prediction =
0 AND label = 1").count()} False Positive: ${predictions.select("*").
where("prediction = 1 AND label = 0").count()}")

False Negative: 20 False Positive: 9
```

3.1.8　使用朴素贝叶斯进行情感分析

朴素贝叶斯是一种基于贝叶斯定理的简单多类别线性分类算法。朴素贝叶斯之所以得名，是因为它从一开始就假设数据集中特征之间是相互独立的，而忽略特征之间的任何可能关联，但现实情况中并非如此。朴素贝叶斯在小型数据集或高维数据集上表现良好。与其他线性分类器一样，它在非线性分类问题上的表现很差。朴素贝叶斯是一种计算高效且高度可扩展的算法，只需执行一遍对数据集。对于使用大型数据集进行的分类任务，它是一种良好的基准模型。它通过计算某点属于给定特征集类别的概率来发挥作用。贝叶斯定理方程可以表示为：

$$P(A \mid B) = \frac{P(B \mid A)P(A)}{P(B)}$$

$P(A|B)$ 是后验概率，可以解释为："给定事件 B，事件 A 发生的概率是多少？"，其中 B 代表特征向量。分子表示类条件概率 $P(B|A)$ 乘以先验概率 $P(A)$，分母代表条件 $P(B)$。该方程可以更精确地表示为：

$$P(y \mid x_1, \cdots, x_n) = \frac{P(x_1, \cdots, x_n \mid y)}{P(x_1, \cdots, x_n)}$$

朴素贝叶斯经常用于文本分类。常用的文本分类应用包括垃圾邮件检测和文档分类。另一个文本分类用例是情感分析。公司会定期检查来自社交媒体的评论，以确定产品或服务的公众舆论是正面的还是负面的。对冲基金使用情感分析来预测股市走势。

Spark MLlib 支持伯努利朴素贝叶斯和多项式朴素贝叶斯。伯努利朴素贝叶斯仅适用于布尔或二元特征分析（例如文档中是否存在单词），而多项式朴素贝叶斯则针对离散特征（例如字数）进行设计。MLlib 中朴素贝叶斯实现的默认模型类型设置为多项式。你可以设置另一个参数 lambda 进行平滑（默认值为 1.0）。

示例

我们来举例说明如何使用朴素贝叶斯进行情感分析。我们将使用来自加州大学欧文分校机器学习存储库的流行数据集。该数据集为 Kotzias 等人在 KDD2015 上的论文"From Group to Individual Labels using Deep Features"而创建。数据集来自三个不同的公司：IMDB，Amazon 和 Yelp。每个公司有 500 条正面评论和 500 条负面评论。我们将使用来自 Amazon 的数据集，根据 Amazon 产品评论确定特定产品的情感为正面（1）或负面（0）。

我们需要将数据集中的每个句子转换为特征向量。Spark MLlib 针对此项需求提供了一个转换器。词频 – 逆文档频率（TF-IDF）通常用于从文本生成特征向量。TF-IDF 通过计算单词在文档中的出现次数（TF）和单词在整个语料库中出现的频率（IDF）来确定单词与语料库中文档的相关性。在 Spark MLlib 中，分别对 TF 和 IDF 进行了实现（HashingTF 和 IDF）。

在我们使用 TF-IDF 将单词转换为特征向量之前，我们需要使用另一个转换器——分词器，用于将句子分割为单个单词。步骤如图 3-8 所示，代码如清单 3-8 所示。

图 3-8　语义分析示例的特征转换

清单 3-8　使用朴素贝叶斯进行情感分析

```
// Start by creating a schema for our dataset.
import org.apache.spark.sql.types._

var reviewsSchema = StructType(Array (
    StructField("text",   StringType, true),
    StructField("label",  IntegerType, true)
    ))
// Create a DataFrame from the tab-delimited text file.
// Use the "csv" format regardless if its tab or comma delimited.
// The file does not have a header, so we'll set the header
// option to false. We'll set delimiter to tab and use the schema
```

```
// that we just built.

val reviewsDF = spark.read.format("csv")
                .option("header", "false")
                .option("delimiter","\t")
                .schema(reviewsSchema)
                .load("/files/amazon_cells_labelled.txt")

// Review the schema.

reviewsDF.printSchema

root
 |-- text: string (nullable = true)
 |-- label: integer (nullable = true)

// Check the data.

reviewsDF.show

+--------------------+-----+
|                text|label|
+--------------------+-----+
|So there is no wa...|    0|
|Good case, Excell...|    1|
|Great for the jaw...|    1|
|Tied to charger f...|    0|
|   The mic is great.|    1|
|I have to jiggle ...|    0|
|If you have sever...|    0|
|If you are Razr o...|    1|
|Needless to say, ...|    0|
|What a waste of m...|    0|
|And the sound qua...|    1|
|He was very impre...|    1|
|If the two were s...|    0|
|Very good quality...|    1|
|The design is ver...|    0|
|Highly recommend ...|    1|
|I advise EVERYONE...|    0|
|    So Far So Good!.|    1|
|        Works great!.|    1|
|It clicks into pl...|    0|
+--------------------+-----+
only showing top 20 rows

// Let's do some row counts.

reviewsDF.createOrReplaceTempView("reviews")
```

```
spark.sql("select label,count(*) from reviews group by label").show

+-----+--------+
|label|count(1)|
+-----+--------+
|    1|     500|
|    0|     500|
+-----+--------+

// Randomly divide the dataset into training and test datasets.

val seed = 1234

val Array(trainingData, testData) = reviewsDF.randomSplit(Array(0.8, 0.2), seed)

trainingData.count
res5: Long = 827

testData.count
res6: Long = 173

// Split the sentences into words.

import org.apache.spark.ml.feature.Tokenizer

val tokenizer = new Tokenizer().setInputCol("text")
               .setOutputCol("words")

// Check the tokenized data.

val tokenizedDF = tokenizer.transform(trainingData)

tokenizedDF.show

+--------------------+-----+--------------------+
|                text|label|               words|
+--------------------+-----+--------------------+
|        (It works!)|    1|       [(it, works!)]|
||)Setup couldn't h...|    1|[)setup, couldn't...|
||* Comes with a st...|    1|[*, comes, with, ...|
||.... Item arrived...|    1|[...., item, arri...|
||1. long lasting b...|    0|[1., long, lastin...|
||2 thumbs up to th...|    1|[2, thumbs, up, t...|
||:-)Oh, the charge...|    1|[:-)oh,, the, cha...|
||    A Disappointment.|    0|[a, disappointment.]|
||A PIECE OF JUNK T...|    0|[a, piece, of, ju...|
||A good quality ba...|    1|[a, good, quality...|
||A must study for ...|    0|[a, must, study, ...|
||A pretty good pro...|    1|[a, pretty, good,...|
||A usable keyboard...|    1|[a, usable, keybo...|
||A week later afte...|    0|[a, week, later, ...|
||AFTER ARGUING WIT...|    0|[after, arguing, ...|
```

```
|AFter the first c...|    0|[after, the, firs...|
|      AMAZON SUCKS.|     0|    [amazon, sucks.]|
|     Absolutel junk.|    0|   [absolutel, junk.]|
|    Absolutely great.|   1|[absolutely, great.]|
|Adapter does not ...|    0|[adapter, does, n...|
+--------------------+-----+--------------------+
only showing top 20 rows
```

// Next, we'll use HashingTF to convert the tokenized words
// into fixed-length feature vector.

```
import org.apache.spark.ml.feature.HashingTF
```

```
val htf = new HashingTF().setNumFeatures(1000)
        .setInputCol("words")
```

```
.setOutputCol("features")
```

// Check the vectorized features.

```
val hashedDF = htf.transform(tokenizedDF)
```

```
hashedDF.show
```

```
+--------------------+-----+--------------------+--------------------+
|                text|label|               words|            features|
+--------------------+-----+--------------------+--------------------+
|          (It works!)|    1|       [(it, works!)]|(1000,[369,504],[...|
|)Setup couldn't h...|    1|[)setup, couldn't...|(1000,[299,520,53...|
|* Comes with a st...|    1|[*, comes, with, ...|(1000,[34,51,67,1...|
|.... Item arrived...|    1|[...., item, arri...|(1000,[98,133,245...|
|1. long lasting b...|    0|[1., long, lastin...|(1000,[138,258,29...|
|2 thumbs up to th...|    1|[2, thumbs, up, t...|(1000,[92,128,373...|
|:-)Oh, the charge...|    1|[:-)oh,, the, cha...|(1000,[388,497,52...|
|     A Disappointment.|    0|[a, disappointment.]|(1000,[170,386],[...|
|A PIECE OF JUNK T...|    0|[a, piece, of, ju...|(1000,[34,36,47,7...|
|A good quality ba...|    1|[a, good, quality...|(1000,[77,82,168,...|
|A must study for ...|    0|[a, must, study, ...|(1000,[23,36,104,...|
|A pretty good pro...|    1|[a, pretty, good,...|(1000,[168,170,27...|
|A usable keyboard...|    1|[a, usable, keybo...|(1000,[2,116,170,...|
|A week later afte...|    0|[a, week, later, ...|(1000,[77,122,156...|
|AFTER ARGUING WIT...|    0|[after, arguing, ...|(1000,[77,166,202...|
|AFter the first c...|    0|[after, the, firs...|(1000,[63,77,183,...|
|      AMAZON SUCKS.|     0|    [amazon, sucks.]|(1000,[828,966],[...|
|     Absolutel junk.|    0|   [absolutel, junk.]|(1000,[607,888],[...|
|    Absolutely great.|   1|[absolutely, great.]|(1000,[589,903],[...|
|Adapter does not ...|    0|[adapter, does, n...|(1000,[0,18,51,28...|
+--------------------+-----+--------------------+--------------------+
only showing top 20 rows
```

```
// We will use the naïve Bayes classifier provided by MLlib.

import org.apache.spark.ml.classification.NaiveBayes

val nb = new NaiveBayes()

// We now have all the parts that we need to assemble
// a machine learning pipeline.

import org.apache.spark.ml.Pipeline

val pipeline = new Pipeline().setStages(Array(tokenizer, htf, nb))

// Train our model using the training dataset.

val model = pipeline.fit(trainingData)

// Predict using the test dataset.

val predictions = model.transform(testData)

// Display the predictions for each review.

predictions.select("text","prediction").show

+--------------------+----------+
|                text|prediction|
+--------------------+----------+
||!I definitely reco...|       1.0|
|#1 It Works - #2 ...|       1.0|
| $50 Down the drain.|       0.0|
|A lot of websites...|       1.0|
|After charging ov...|       0.0|
|After my phone go...|       0.0|
|All in all I thin...|       1.0|
|All it took was o...|       0.0|
|Also, if your pho...|       0.0|
|And I just love t...|       1.0|
|And none of the t...|       1.0|
|         Bad Choice.|       0.0|
|Best headset ever...|       1.0|
|Big Disappointmen...|       0.0|
|Bluetooth range i...|       0.0|
|But despite these...|       0.0|
|Buyer--Be Very Ca...|       1.0|
|Can't store anyth...|       0.0|
|Chinese Forgeries...|       0.0|
|Do NOT buy if you...|       0.0|
+--------------------+----------+

only showing top 20 rows
```

```
// Evaluate our model using a binary classifier evaluator.

import org.apache.spark.ml.evaluation.BinaryClassificationEvaluator

val evaluator = new BinaryClassificationEvaluator()

import org.apache.spark.ml.param.ParamMap

val paramMap = ParamMap(evaluator.metricName -> "areaUnderROC")

val auc = evaluator.evaluate(predictions, paramMap)

auc: Double = 0.5407085561497325

// Test on a positive example.

val predictions = model
.transform(sc.parallelize(Seq("This product is good")).toDF("text"))

predictions.select("text","prediction").show

+--------------------+----------+
|                text|prediction|
+--------------------+----------+
|This product is good|       1.0|
+--------------------+----------+

// Test on a negative example.

val predictions = model
.transform(sc.parallelize(Seq("This product is bad")).toDF("text"))

predictions.select("text","prediction").show

+-------------------+----------+
|               text|prediction|
+-------------------+----------+
|This product is bad|       0.0|
+-------------------+----------+
```

还可以通过更多的措施来改进我们的模型。在大多数自然语言处理（NLP）任务中，执行文本预处理（例如 n-gram、词形还原和删除停用词）是很常见的。本文将在第 4 章介绍 Stanford CoreNLP 和 Spark NLP。

3.2 回归

回归是用于预测连续数值的有监督型机器学习任务。流行的用例包括销售和需求预测、库存预测、房屋或商品价格预测以及天气预测等。

3.2.1 简单线性回归

线性回归用于检查因变量与一个或多个自变量之间的线性关系。对单个自变量和单个连续因变量之间的关系进行的分析称为简单线性回归。

如图 3-9 所示，线性回归绘制的直线将最大限度地减少观察值和预测值之间的残差平方和 [35]。

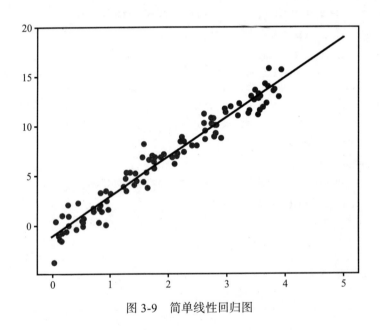

图 3-9   简单线性回归图

示例

在示例中，我们将使用简单线性回归来显示房价（因变量）如何根据地区平均家庭收入（自变量）而变化。清单 3-9 显示详细代码。

清单 3-9   线性回归示例

```
import org.apache.spark.ml.regression.LinearRegression
```

```
import spark.implicits._

val dataDF = Seq(
  (50000, 302200),
  (75200, 550000),
  (90000, 680000),
  (32800, 225000),
  (41000, 275000),
  (54000, 300500),
  (72000, 525000),
  (105000, 700000),
  (88500, 673100),
  (92000, 695000),
  (53000, 320900),
  (85200, 652800),
  (157000, 890000),
  (128000, 735000),
  (71500, 523000),
  (114000, 720300),
  (33400, 265900),
  (143000, 846000),
  (68700, 492000),
  (46100, 285000)
).toDF("avg_area_income","price")

dataDF.show
+---------------+------+
|avg_area_income| price|
+---------------+------+
|          50000|302200|
|          75200|550000|
|          90000|680000|
|          32800|225000|
|          41000|275000|
|          54000|300500|
|          72000|525000|
|         105000|700000|
|          88500|673100|
|          92000|695000|
|          53000|320900|
|          85200|652800|
|         157000|890000|
|         128000|735000|
|          71500|523000|
|         114000|720300|
|          33400|265900|
```

```
|           143000|846000|
|            68700|492000|
|            46100|285000|
+---------------+------+

import org.apache.spark.ml.feature.VectorAssembler

val assembler = new VectorAssembler()
               .setInputCols(Array("avg_area_income"))
               .setOutputCol("feature")

val dataDF2 = assembler.transform(dataDF)

dataDF2.show
+---------------+------+----------+
|avg_area_income| price|   feature|
+---------------+------+----------+
|          50000|302200| [50000.0]|
|          75200|550000| [75200.0]|
|          90000|680000| [90000.0]|
|          32800|225000| [32800.0]|
|          41000|275000| [41000.0]|
|          54000|300500| [54000.0]|
|          72000|525000| [72000.0]|
|         105000|700000|[105000.0]|
|          88500|673100| [88500.0]|
|          92000|695000| [92000.0]|
|          53000|320900| [53000.0]|
|          85200|652800| [85200.0]|
|         157000|890000|[157000.0]|
|         128000|735000|[128000.0]|
|          71500|523000| [71500.0]|
|         114000|720300|[114000.0]|
|          33400|265900| [33400.0]|
|         143000|846000|[143000.0]|
|          68700|492000| [68700.0]|
|          46100|285000| [46100.0]|
+---------------+------+----------+

val lr = new LinearRegression()
        .setMaxIter(10)
        .setFeaturesCol("feature")
        .setLabelCol("price")

val model = lr.fit(dataDF2)

import org.apache.spark.ml.linalg.Vectors

val testData = spark
```

```
        .createDataFrame(Seq(Vectors.dense(75000))
        .map(Tuple1.apply))
        .toDF("feature")
val predictions = model.transform(testData)

predictions.show
+---------+-------------------+
|  feature|         prediction|
+---------+-------------------+
|[75000.0]|504090.35842779215|
+---------+-------------------+
```

3.2.2　使用 XGBoost4J-Spark 进行多元回归分析

多元回归分析的应用场景更加现实，会存在两个或以上的自变量和一个连续的因变量。在实际用例中，既包含线性又包含非线性特征的情况十分常见。XGBoost之类的基于树的集成算法具有处理线性和非线性特征的能力，这使得其成为大多数生产环境下的理想选择。在大多数情况下，使用基于树的集成算法（例如 XGBoost）进行多元回归可以显著提高预测准确率 [36]。

在本章的前部分，我们使用 XGBoost 解决了分类的问题。由于 XGBoost 同时支持分类和回归，因此使用 XGBoost 进行回归的方式与进行分类的方式非常相似。

示例

对于多元回归示例，我们将使用更复杂一些的数据集，如清单 3-10 所示。数据集可以从 Kaggle 下载 [37]。我们的目的是根据数据集中提供的特征预测房价。数据集包含 7 个列：Avg.Area Income、Avg.Area House Age、Avg.Area Number of Room、Avg.Area Number of Bedrooms、Area Population、Price 和 Address。为了简单起见，我们不使用" Address"字段（当然也可以从家庭住址推断出有用的信息，比如附近学校的位置）。其中，Price 是因变量。

清单 3-10　使用 XGBoost4J-Spark 进行多元回归分析

```
spark-shell --packages ml.dmlc:xgboost4j-spark:0.81
```

```scala
import org.apache.spark.sql.types._

// Define a schema for our dataset.

var pricesSchema = StructType(Array (
    StructField("avg_area_income",    DoubleType, true),
    StructField("avg_area_house_age",    DoubleType, true),
    StructField("avg_area_num_rooms",    DoubleType, true),
    StructField("avg_area_num_bedrooms",    DoubleType, true),
    StructField("area_population",    DoubleType, true),
    StructField("price",    DoubleType, true)
    ))

val dataDF = spark.read.format("csv")
            .option("header","true")
            .schema(pricesSchema)
            .load("USA_Housing.csv").na.drop()

// Inspect the dataset.

dataDF.printSchema
root
 |-- avg_area_income: double (nullable = true)
 |-- avg_area_house_age: double (nullable = true)
 |-- avg_area_num_rooms: double (nullable = true)
 |-- avg_area_num_bedrooms: double (nullable = true)
 |-- area_population: double (nullable = true)
 |-- price: double (nullable = true)

dataDF.select("avg_area_income","avg_area_house_age","avg_area_num_rooms").
show
+------------------+------------------+------------------+
|   avg_area_income|avg_area_house_age|avg_area_num_rooms|
+------------------+------------------+------------------+
| 79545.45857431678| 5.682861321615587| 7.009188142792237|
| 79248.64245482568|6.0028998082752425| 6.730821019094919|
|61287.067178656784| 5.865889840310001| 8.512727430375099|
| 63345.24004622798|7.1882360945186425| 5.586728664827653|
|59982.197225708034| 5.040554523106283| 7.839387785120487|
|   80175.7541594853|4.9884077575337145| 6.104512439428879|
| 64698.46342788773| 6.025335906887153| 8.147759585023431|
| 78394.33927753085|6.9897797477182815| 6.620477995185026|
| 59927.66081334963|  5.36212556960358|6.3931209805509015|
| 81885.92718409566| 4.423671789897876| 8.167688003472351|
| 80527.47208292288|  8.09351268063935| 5.042746799645982|
| 50593.69549704281| 4.496512793097035| 7.467627404008019|
|39033.809236982364| 7.671755372854428| 7.250029317273495|
```

```
|  73163.6634410467|  6.919534825456555|5.9931879009455695|
|  69391.3801843616|  5.344776176735725|  8.406417714534253|
| 73091.86674582321|  5.443156466535474|  8.517512711137975|
| 79706.96305765743|  5.067889591058972|  8.219771123286257|
| 61929.07701808926|  4.788550241805888|5.0970095543775615|
| 63508.19429942997|  5.947165139552473|  7.187773835329727|
| 62085.27640340488|  5.739410843630574|   7.09180810424997|
+------------------+------------------+------------------+
only showing top 20 rows

dataDF.select("avg_area_num_bedrooms","area_population","price").show

+--------------------+------------------+------------------+
|avg_area_num_bedrooms|    area_population|             price|
+--------------------+------------------+------------------+
|                4.09|23086.800502686456|1059033.5578701235|
|                3.09| 40173.07217364482|   1505890.91484695|
|                5.13| 36882.15939970458|1058987.9878760849|
|                3.26|34310.24283090706|1260616.8066294468|
|                4.23|26354.109472103148| 630943.4893385402|
|                4.04|26748.428424689715|1068138.0743935304|
|                3.41| 60828.24908540716|1502055.8173744078|
|                2.42|36516.358972493836|1573936.5644777215|
|                 2.3| 29387.39600281585| 798869.5328331633|
|                 6.1| 40149.96574921337|1545154.8126419624|
|                 4.1| 47224.35984022191| 1707045.722158058|
|                4.49|34343.991885578806| 663732.3968963273|
|                 3.1| 39220.36146737246|1042814.0978200927|
|                2.27|32326.123139488096|1291331.5184858206|
|                4.37|35521.294033173246|1402818.2101658515|
|                4.01|23929.524053267953|1306674.6599511993|
|                3.12| 39717.81357630952|1556786.6001947748|
|                 4.3| 24595.90149782299| 528485.2467305964|
|                5.12|35719.653052030866|1019425.9367578316|
|                5.49|44922.106702293066|1030591.4292116085|
+--------------------+------------------+------------------+
only showing top 20 rows
```

```scala
val features = Array("avg_area_income","avg_area_house_age",
"avg_area_num_rooms","avg_area_num_bedrooms","area_population")

// Combine our features into a single feature vector.

import org.apache.spark.ml.feature.VectorAssembler

val assembler = new VectorAssembler()
                .setInputCols(features)
                .setOutputCol("features")
```

```
val dataDF2 = assembler.transform(dataDF)

dataDF2.select("price","features").show(20,50)

+-----------------+--------------------------------------------------+
|            price|                                          features|
+-----------------+--------------------------------------------------+
|1059033.5578701235|[79545.45857431678,5.682861321615587,7.00918814...|
|  1505890.91484695|[79248.64245482568,6.0028998082752425,6.7308210...|
|1058987.9878760849|[61287.067178656784,5.865889840310001,8.5127274...|
|1260616.8066294468|[63345.24004622798,7.1882360945186425,5.5867286...|
| 630943.4893385402|[59982.197225708034,5.040554523106283,7.8393877...|
|1068138.0743935304|[80175.7541594853,4.9884077575337145,6.10451243...|
|1502055.8173744078|[64698.46342788773,6.025335906887153,8.14775958...|
|1573936.5644777215|[78394.33927753085,6.9897797477182815,6.6204779...|
| 798869.5328331633|[59927.66081334963,5.36212556960358,6.393120980...|
|1545154.8126419624|[81885.92718409566,4.423671789897876,8.16768800...|
| 1707045.722158058|[80527.47208292288,8.09351268063935,5.042746799...|
| 663732.3968963273|[50593.69549704281,4.496512793097035,7.46762740...|
|1042814.0978200927|[39033.809236982364,7.671755372854428,7.2500293...|
|1291331.5184858206|[73163.6634410467,6.919534825456555,5.993187900...|
|1402818.2101658515|[69391.3801843616,5.344776176735725,8.406417714...|
|1306674.6599511993|[73091.86674582321,5.443156466535474,8.51751271...|
|1556786.6001947748|[79706.96305765743,5.067889591058972,8.21977112...|
| 528485.2467305964|[61929.07701808926,4.788550241805888,5.09700955...|
|1019425.9367578316|[63508.19429942997,5.947165139552473,7.18777383...|
|1030591.4292116085|[62085.27640340488,5.739410843630574,7.09180810...|
+-----------------+--------------------------------------------------+
only showing top 20 rows

// Divide our dataset into training and test data.

val seed = 1234

val Array(trainingData, testData) = dataDF2.randomSplit(Array(0.8, 0.2), seed)

// Use XGBoost for regression.

import ml.dmlc.xgboost4j.scala.spark.{XGBoostRegressionModel,XGBoostRegressor}

val xgb = new XGBoostRegressor()
        .setFeaturesCol("features")
        .setLabelCol("price")

// Create a parameter grid.

import org.apache.spark.ml.tuning.ParamGridBuilder

val paramGrid = new ParamGridBuilder()
              .addGrid(xgb.maxDepth, Array(6, 9))
```

```
              .addGrid(xgb.eta, Array(0.3, 0.7)).build()
paramGrid: Array[org.apache.spark.ml.param.ParamMap] =
Array({
      xgbr_bacf108db722-eta: 0.3,
      xgbr_bacf108db722-maxDepth: 6
}, {
      xgbr_bacf108db722-eta: 0.3,
      xgbr_bacf108db722-maxDepth: 9
}, {
      xgbr_bacf108db722-eta: 0.7,
      xgbr_bacf108db722-maxDepth: 6
}, {
      xgbr_bacf108db722-eta: 0.7,
      xgbr_bacf108db722-maxDepth: 9
})

// Create our evaluator.

import org.apache.spark.ml.evaluation.RegressionEvaluator

val evaluator = new RegressionEvaluator()
              .setLabelCol("price")
              .setPredictionCol("prediction")
              .setMetricName("rmse")

// Create our cross-validator.

import org.apache.spark.ml.tuning.CrossValidator

val cv = new CrossValidator()
        .setEstimator(xgb)
        .setEvaluator(evaluator)
        .setEstimatorParamMaps(paramGrid)
        .setNumFolds(3)

val model = cv.fit(trainingData)

val predictions = model.transform(testData)

predictions.select("features","price","prediction").show

+--------------------+------------------+-----------+
|            features|             price| prediction|
+--------------------+------------------+-----------+
|[17796.6311895433...|302355.83597895555| 591896.9375|
|[35454.7146594754...| 1077805.577726322|  440094.75|
|[35608.9862370775...| 449331.5835333807|  672114.75|
|[38868.2503114142...| 759044.6879907805|  672114.75|
|[40752.7142433209...| 560598.5384309639| 591896.9375|
```

```
|[41007.4586732745...|  494742.5435776913|421605.28125|
|[41533.0129597444...|  682200.3005599922|505685.96875|
|[42258.7745410484...|  852703.2636757497| 591896.9375|
|[42940.1389392421...|  680418.7240122693| 591896.9375|
|[43192.1144092488...|1054606.9845532854|505685.96875|
|[43241.9824225005...|  629657.6132544072|505685.96875|
|[44328.2562966742...|  601007.3511604669|141361.53125|
|[45347.1506816944...|  541953.9056802422|441908.40625|
|[45546.6434075757...|   923830.33486809| 591896.9375|
|[45610.9384142094...|   961354.287727855|   849175.75|
|[45685.2499205068...|  867714.3838490517|441908.40625|
|[45990.1237417814...|1043968.3994445396|   849175.75|
|[46062.7542664558...|  675919.6815570832|505685.96875|
|[46367.2058588838...|268050.81474351394|  379889.625|
|[47467.4239151893...|  762144.9261238109| 591896.9375|
+--------------------+------------------+-----------+
only showing top 20 rows
```

我们使用均方根误差 RMSE 来评估模型。残差是对数据点与回归线之间距离的度量。RMSE 是残差的标准偏差，用于计算预测误差 [38]。

```
val rmse = evaluator.evaluate(predictions)

rmse: Double = 438499.82356536255

// Extract the parameters.

model.bestModel.extractParamMap

res11: org.apache.spark.ml.param.ParamMap =
{
    xgbr_8da6032c61a9-alpha: 0.0,
    xgbr_8da6032c61a9-baseScore: 0.5,
    xgbr_8da6032c61a9-checkpointInterval: -1,
    xgbr_8da6032c61a9-checkpointPath: ,
    xgbr_8da6032c61a9-colsampleBylevel: 1.0,
    xgbr_8da6032c61a9-colsampleBytree: 1.0,
    xgbr_8da6032c61a9-customEval: null,
    xgbr_8da6032c61a9-customObj: null,
    xgbr_8da6032c61a9-eta: 0.7,
    xgbr_8da6032c61a9-evalMetric: rmse,
    xgbr_8da6032c61a9-featuresCol: features,
    xgbr_8da6032c61a9-gamma: 0.0,
    xgbr_8da6032c61a9-growPolicy: depthwise,
    xgbr_8da6032c61a9-labelCol: price,
```

```
    xgbr_8da6032c61a9-lambda: 1.0,
    xgbr_8da6032c61a9-lambdaBias: 0.0,
    xgbr_8da6032c61a9-maxBin: 16,
    xgbr_8da6032c61a9-maxDeltaStep: 0.0,
    xgbr_8da6032c61a9-maxDepth: 9,
    xgbr_8da6032c61a9-minChildWeight: 1.0,
    xgbr_8da6032c61a9-missing: NaN,
    xgbr_8da6032c61a9-normalizeType: tree,
    xgbr_8da6032c61a9-nthread: 1,
    xgbr_8da6032c61a9-numEarlyStoppingRounds: 0,
    xgbr_8da6032c61a9-numRound: 1,
    xgbr_8da6032c61a9-numWorkers: 1,
    xgbr_8da6032c61a9-objective: reg:linear,
    xgbr_8da6032c61a9-predictionCol: prediction,
    xgbr_8da6032c61a9-rateDrop: 0.0,
    xgbr_8da6032c61a9-sampleType: uniform,
    xgbr_8da6032c61a9-scalePosWeight: 1.0,
    xgbr_8da6032c61a9-seed: 0,
    xgbr_8da6032c61a9-silent: 0,
    xgbr_8da6032c61a9-sketchEps: 0.03,
    xgbr_8da6032c61a9-skipDrop: 0.0,
    xgbr_8da6032c61a9-subsample: 1.0,
    xgbr_8da6032c61a9-timeoutRequestWorkers: 1800000,
    xgbr_8da6032c61a9-trackerConf: TrackerConf(0,python),
    xgbr_8da6032c61a9-trainTestRatio: 1.0,
    xgbr_8da6032c61a9-treeLimit: 0,
    xgbr_8da6032c61a9-treeMethod: auto,
    xgbr_8da6032c61a9-useExternalMemory: false
}
```

3.2.3　使用 LightGBM 进行多元回归分析

在清单 3-11 中，我们将使用 LightGBM。LightGBM 通过专门用于回归任务的 LightGBMRegressor 类实现。我们将重用之前的住房数据集和 XGBoost 示例中的大部分代码。

清单 3-11　使用 LightGBM 进行多元回归分析

```
spark-shell --packages Azure:mmlspark:0.15

var pricesSchema = StructType(Array (
```

```
    StructField("avg_area_income",   DoubleType, true),
    StructField("avg_area_house_age",   DoubleType, true),
    StructField("avg_area_num_rooms",   DoubleType, true),
    StructField("avg_area_num_bedrooms",   DoubleType, true),
    StructField("area_population",   DoubleType, true),
    StructField("price",   DoubleType, true)
    ))
val dataDF = spark.read.format("csv")
           .option("header","true")
           .schema(pricesSchema)
           .load("USA_Housing.csv")
           .na.drop()

dataDF.printSchema

root
 |-- avg_area_income: double (nullable = true)
 |-- avg_area_house_age: double (nullable = true)
 |-- avg_area_num_rooms: double (nullable = true)
 |-- avg_area_num_bedrooms: double (nullable = true)
 |-- area_population: double (nullable = true)
 |-- price: double (nullable = true)
dataDF.select("avg_area_income","avg_area_house_age",
"avg_area_num_rooms")
.show
+------------------+------------------+------------------+
|   avg_area_income|avg_area_house_age|avg_area_num_rooms|
+------------------+------------------+------------------+
| 79545.45857431678| 5.682861321615587| 7.009188142792237|
| 79248.64245482568|6.0028998082752425| 6.730821019094919|
|61287.067178656784| 5.865889840310001| 8.512727430375099|
| 63345.24004622798|7.1882360945186425| 5.586728664827653|
|59982.197225708034| 5.040554523106283| 7.839387785120487|
|  80175.7541594853|4.9884077575337145| 6.104512439428879|
| 64698.46342788773| 6.025335906887153| 8.147759585023431|
| 78394.33927753085|6.9897797477182815| 6.620477995185026|
| 59927.66081334963|  5.36212556960358|6.3931209805509015|
| 81885.92718409566| 4.423671789897876| 8.167688003472351|
| 80527.47208292288|  8.09351268063935| 5.042746799645982|
| 50593.69549704281| 4.496512793097035| 7.467627404008019|
|39033.809236982364| 7.671755372854428| 7.250029317273495|
|  73163.6634410467| 6.919534825456555|5.9931879009455695|
|  69391.3801843616| 5.344776176735725| 8.406417714534253|
| 73091.86674582321| 5.443156466535474| 8.517512711137975|
| 79706.96305765743| 5.067889591058972| 8.219771123286257|
| 61929.07701808926| 4.788550241805888|5.0970095543775615|
```

```
| 63508.19429942997| 5.947165139552473| 7.187773835329727|
| 62085.27640340488| 5.739410843630574| 7.09180810424997|
+------------------+------------------+------------------+

dataDF.select("avg_area_num_bedrooms","area_population","price").show

+--------------------+------------------+------------------+
|avg_area_num_bedrooms|   area_population|             price|
+--------------------+------------------+------------------+
|                4.09|23086.800502686456|1059033.5578701235|
|                3.09| 40173.07217364482|  1505890.91484695|
|                5.13|36882.15939970458|1058987.9878760849|
|                3.26|34310.24283090706|1260616.8066294468|
|                4.23|26354.109472103148| 630943.4893385402|
|                4.04|26748.428424689715|1068138.0743935304|
|                3.41| 60828.24908540716|1502055.8173744078|
|                2.42|36516.358972493836|1573936.5644777215|
|                 2.3| 29387.39600281585| 798869.5328331633|
|                 6.1| 40149.96574921337|1545154.8126419624|
|                 4.1| 47224.35984022191| 1707045.722158058|
|                4.49|34343.991885578806| 663732.3968963273|
|                 3.1| 39220.36146737246|1042814.0978200927|
|                2.27|32326.123139488096|1291331.5184858206|
|                4.37|35521.294033173246|1402818.2101658515|
|                4.01|23929.524053267953|1306674.6599511993|
|                3.12| 39717.81357630952|1556786.6001947748|
|                 4.3| 24595.90149782299| 528485.2467305964|
|                5.12|35719.653052030866|1019425.9367578316|
|                5.49|44922.106702293066|1030591.4292116085|
+--------------------+------------------+------------------+
only showing top 20 rows

val features = Array("avg_area_income","avg_area_house_age",
"avg_area_num_rooms","avg_area_num_bedrooms","area_population")

import org.apache.spark.ml.feature.VectorAssembler

val assembler = new VectorAssembler()
              .setInputCols(features)
              .setOutputCol("features")

val dataDF2 = assembler.transform(dataDF)

dataDF2.select("price","features").show(20,50)

+------------------+--------------------------------------------------+
|             price|                                          features|
+------------------+--------------------------------------------------+
|1059033.5578701235|[79545.45857431678,5.682861321615587,7.00918814...|
```

```
|  1505890.91484695|[79248.64245482568,6.0028998082752425,6.7308210...|
|1058987.9878760849|[61287.067178656784,5.865889840310001,8.5127274...|
|1260616.8066294468|[63345.24004622798,7.1882360945186425,5.5867286...|
|  630943.4893385402|[59982.197225708034,5.040554523106283,7.8393877...|
|1068138.0743935304|[80175.7541594853,4.9884077575337145,6.10451243...|
|1502055.8173744078|[64698.46342788773,6.025335906887153,8.14775958...|
|1573936.5644777215|[78394.33927753085,6.9897797477182815,6.6204779...|
|  798869.5328331633|[59927.66081334963,5.36212556960358,6.393120980...|
|1545154.8126419624|[81885.92718409566,4.423671789897876,8.16768800...|
|  1707045.722158058|[80527.47208292288,8.09351268063935,5.042746799...|
|  663732.3968963273|[50593.69549704281,4.496512793097035,7.46762740...|
|1042814.0978200927|[39033.809236982364,7.671755372854428,7.2500293...|
|1291331.5184858206|[73163.6634410467,6.919534825456555,5.993187900...|
|1402818.2101658515|[69391.3801843616,5.344776176735725,8.406417714...|
|1306674.6599511993|[73091.86674582321,5.443156466535474,8.51751271...|
|1556786.6001947748|[79706.96305765743,5.067889591058972,8.21977112...|
|  528485.2467305964|[61929.07701808926,4.788550241805888,5.09700955...|
|1019425.9367578316|[63508.19429942997,5.947165139552473,7.18777383...|
|1030591.4292116085|[62085.27640340488,5.739410843630574,7.09180810...|
+------------------+--------------------------------------------------+
only showing top 20 rows

val seed = 1234

val Array(trainingData, testData) = dataDF2.randomSplit(Array(0.8, 0.2), seed)

import com.microsoft.ml.spark.{LightGBMRegressionModel,LightGBMRegressor}

val lightgbm = new LightGBMRegressor()
              .setFeaturesCol("features")
              .setLabelCol("price")
              .setObjective("regression")

import org.apache.spark.ml.tuning.ParamGridBuilder

val paramGrid = new ParamGridBuilder()
              .addGrid(lightgbm.numLeaves, Array(6, 9))
              .addGrid(lightgbm.numIterations, Array(10, 15))
              .addGrid(lightgbm.maxDepth, Array(2, 3, 4))
              .build()
paramGrid: Array[org.apache.spark.ml.param.ParamMap] =
Array({
      LightGBMRegressor_f969f7c475b5-maxDepth: 2,
      LightGBMRegressor_f969f7c475b5-numIterations: 10,
      LightGBMRegressor_f969f7c475b5-numLeaves: 6
}, {
      LightGBMRegressor_f969f7c475b5-maxDepth: 3,
      LightGBMRegressor_f969f7c475b5-numIterations: 10,
```

```
        LightGBMRegressor_f969f7c475b5-numLeaves: 6
}, {
        LightGBMRegressor_f969f7c475b5-maxDepth: 4,
        LightGBMRegressor_f969f7c475b5-numIterations: 10,
        LightGBMRegressor_f969f7c475b5-numLeaves: 6
}, {
        LightGBMRegressor_f969f7c475b5-maxDepth: 2,
        LightGBMRegressor_f969f7c475b5-numIterations: 10,
        LightGBMRegressor_f969f7c475b5-numLeaves: 9
}, {
        LightGBMRegressor_f969f7c475b5-maxDepth: 3,
        LightGBMRegressor_f969f7c475b5-numIterations: 10,
        LightGBMRegressor_f969f7c475b5-numLeaves: 9
}, {
        Lig...

import org.apache.spark.ml.evaluation.RegressionEvaluator

val evaluator = new RegressionEvaluator()
                .setLabelCol("price")
                .setPredictionCol("prediction")
                .setMetricName("rmse")

import org.apache.spark.ml.tuning.CrossValidator

val cv = new CrossValidator()
        .setEstimator(lightgbm)
        .setEvaluator(evaluator)
        .setEstimatorParamMaps(paramGrid)
        .setNumFolds(3)

val model = cv.fit(trainingData)

val predictions = model.transform(testData)

predictions.select("features","price","prediction").show
+-------------------+------------------+------------------+
|           features|             price|        prediction|
+-------------------+------------------+------------------+
|[17796.6311895433...|302355.83597895555| 965317.3181705693|
|[35454.7146594754...| 1077805.577726322|1093159.8506664087|
|[35608.9862370775...| 449331.5835333807|1061505.7131801855|
|[38868.2503114142...| 759044.6879907805|1061505.7131801855|
|[40752.7142433209...| 560598.5384309639| 974582.8481703462|
|[41007.4586732745...| 494742.5435776913| 881891.5646432829|
|[41533.0129597444...| 682200.3005599922| 966417.0064436384|
|[42258.7745410484...| 852703.2636757497|1070641.7611960804|
|[42940.1389392421...| 680418.7240122693|1028986.6314725328|
|[43192.1144092488...|1054606.9845532854|1087808.2361520242|
```

```
|[43241.9824225005...|  629657.6132544072|  889012.3734817103|
|[44328.2562966742...|  601007.3511604669|  828175.3829271109|
|[45347.1506816944...|  541953.9056802422|  860754.7467075661|
|[45546.6434075757...|   923830.33486809|  950407.7970842035|
|[45610.9384142094...|   961354.287727855|1175429.1179985087|
|[45685.2499205068...|  867714.3838490517|   828812.007346283|
|[45990.1237417814...|1043968.3994445396|1204501.1530193759|
|[46062.7542664558...|  675919.6815570832|  973273.6042265462|
|[46367.2058588838...|268050.81474351394|  761576.9192149616|
|[47467.4239151893...|  762144.9261238109|  951908.0117790927|
+--------------------+------------------+------------------+
only showing top 20 rows

val rmse = evaluator.evaluate(predictions)

rmse: Double = 198601.74726198777
```

让我们提取每个特征重要性分数。

```
val model = lightgbm.fit(trainingData)

model.getFeatureImportances("gain")
res7: Array[Double] = Array(1.110789482705408E15, 5.69355224816896E14,
3.25231517467648E14, 1.16104381056E13, 4.84685311277056E14)
```

通过将列表中的输出顺序与特征向量（avg_area_income, avg_area_house_age, avg_area_num_rooms, avg_area_ num_bedrooms, area_population）中的特征顺序相匹配，avg_area_income 是最重要的特征，然后是 avg_area_house_age 和 avg_area_num_rooms，而最不重要的特征是 avg_area_num_bedrooms。

3.3   总结

在本章中讨论了 Spark MLlib 包含的一些受欢迎的有监督学习算法，以及一些外部的更加新颖的算法，例如 XGBoost 和 LightGBM。尽管网上提供了大量关于 XGBoost 和 LightGBM 的文档，但是有关 Spark 的信息和示例却比较有限。本章旨在弥补这些缺陷。

我们推荐你访问 https://xgboost.readthedocs.io/en/latest 以了解有关 XGBoost 的

更多信息，以及访问 https://lightgbm.readthedocs.io/en/latest 上关于 LightGBM 的最新信息。有关 Spark MLlib 中包含的分类和回归算法的背后理论和数学知识的深入介绍，请参考 Gareth James、Daniela Witten、Trevor Hastie、Robert Tibshirani 撰写的 *An Introduction to Statistical Learning*（Springer，2017），以及 Trevor Hastie、Robert Tibshirani 和 Jerome Friedman 撰写的 *The Elements of Statistical Learning*（Springer，2016）。有关 Spark MLlib 的更多信息，请在网上查阅 Apache Spark 的机器学习库（MLlib）指南，https://spark.apache.org/docs/latest/ml-guide.html。

3.4　参考资料

[1]　Judea Pearl; "E PUR SI MUOVE (AND YET IT MOVES)," 2018, The Book Of Why: The New Science of Cause and Effect

[2]　Apache Spark; "Multinomial logistic regression," spark.apache.org, 2019, `https://spark.apache.org/docs/latest/ml-classification-regression.html#multinomial-logistic-regression`

[3]　Georgios Drakos; "Support Vector Machine vs Logistic Regression," towardsdatascience.com, 2018, `https://towardsdatascience.com/support-vector-machine-vs-logistic-regression-94cc2975433f`

[4]　Apache Spark; "Multilayer perceptron classifier," spark.apache.org, 2019, `https://spark.apache.org/docs/latest/ml-classification-regression.html#multilayer-perceptron-classifier`

[5]　Analytics Vidhya Content Team; "A Complete Tutorial on Tree Based Modeling from Scratch (in R & Python)," AnalyticsVidhya.com, 2016, `www.analyticsvidhya.com/blog/2016/04/complete-tutorial-tree-based-modeling-scratch-in-python/#one`

[6]　LightGBM; "Optimal Split for Categorical Features," lightgbm. readthedocs.io, 2019, `https://lightgbm.readthedocs.io/en/latest/Features.html`

[7]　Joseph Bradley and Manish Amde; "Random Forests and Boosting in MLlib," Databricks, 2015, `https://databricks.com/blog/2015/01/21/random-forests-and-boosting-in-mllib.html`

[8]　Analytics Vidhya Content Team; "An End-to-End Guide to Understand the Math behind XGBoost," analyticsvidhya.com, 2018, `www.analyticsvidhya.com/blog/2018/09/an-end-to-end-guide-to-understand-the-math-behind-xgboost/`

[9]　Ben Gorman; "A Kaggle Master Explains Gradient Boosting," Kaggle.com, 2017, `http://blog.kaggle.com/2017/01/23/a-kaggle-master-explains-gradient-boosting/`

[10]　XGBoost; "Introduction to Boosted Trees," xgboost.readthedocs. io, 2019, `https://xgboost.readthedocs.io/en/latest/tutorials/model.html`

[11]　Apache Spark; "Ensembles – RDD-based API," spark.apache. org, 2019, `https://spark.apache.org/docs/latest/mllib-ensembles.html#gradient-boosted-trees-gbts`

[12]　Tianqi Chen; "When would one use Random Forests over Gradient Boosted Machines (GBMs)?," quora.com, 2015, `www.quora.com/When-would-one-use-Random-Forests-over-Gradient-Boosted-Machines-GBMs`

[13]　Aidan O'Brien, et. al.; "VariantSpark Machine Learning for Genomics Variants," CSIRO, 2018, `https://bioinformatics.csiro.au/variantspark`

[14]　Denis C. Bauer, et. al.; "Breaking the curse of dimensionality in Genomics using wide Random Forests," Databricks, 2017,

https://databricks.com/blog/2017/07/26/breaking-the-curse-of-dimensionality-in-genomics-using-wide-random-forests.html

[15] Alessandro Lulli et. al.; "ReForeSt," github.com, 2017, https://github.com/alessandrolulli/reforest

[16] Reforest; "How to learn a random forest classification model with ReForeSt," sites.google.com, 2019, https://sites.google.com/view/reforest/example?authuser=0

[17] Apache Spark; "Ensembles - RDD-based API," spark.apache.org, 2019, https://spark.apache.org/docs/latest/mllib-ensembles.html#random-forests

[18] CallMiner; "New research finds not valuing customers leads to $136 billion switching epidemic," CallMiner, 2018, www.globenewswire.com/news-release/2018/09/27/1577343/0/en/New-research-finds-not-valuing-customers-leads-to-136-billion-switching-epidemic.html

[19] Red Reichheld; "Prescription for cutting costs," Bain & Company, 2016, www2.bain.com/Images/BB_Prescription_cutting_costs.pdf

[20] Alex Lawrence; "Five Customer Retention Tips for Entrepreneurs," Forbes, 2012, www.forbes.com/sites/alexlawrence/2012/11/01/five-customer-retention-tips-for-entrepreneurs/

[21] David Becks; "Churn in Telecom dataset," Kaggle, 2017, www.kaggle.com/becksddf/churn-in-telecoms-dataset

[22] Jeffrey Shmain; "How-to Predict Telco Churn With Apache Spark MLlib," DZone, 2016, https://dzone.com/articles/how-to-predict-telco-churn-with-apache-spark-mllib

[23] Jake Hoare; "How is Variable Importance Calculated for a Random

Forest," DisplayR, 2018, www.displayr.com/how-is-variable-importance-calculated-for-a-random-forest/

[24] Didrik Nielsen; "Tree Boosting With XGBoost," Norwegian University of Science and Technology, 2016, https://brage.bibsys.no/xmlui/bitstream/handle/11250/2433761/16128_FULLTEXT.pdf

[25] Reena Shaw; "XGBoost: A Concise Technical Overview," KDNuggets, 2017, www.kdnuggets.com/2017/10/xgboost-concise-technical-overview.html

[26] Philip Hyunsu Cho; "Fast Histogram Optimized Grower, 8x to 10x Speedup," DMLC, 2017, https://github.com/dmlc/xgboost/issues/1950

[27] XGBoost; "Build an ML Application with XGBoost4J-Spark," xgboost.readthedocs.io, 2019, https://xgboost.readthedocs.io/en/latest/jvm/xgboost4j_spark_tutorial.html#pipeline-with-hyper-parameter-tunning

[28] Jason Brownlee; "How to Tune the Number and Size of Decision Trees with XGBoost in Python," machinelearningmastery.com, 2016, https://machinelearningmastery.com/tune-number-size-decision-trees-xgboost-python/

[29] Laurae; "Benchmarking LightGBM: how fast is LightGBM vs xgboost?", medium.com, 2017, https://medium.com/implodinggradients/benchmarking-lightgbm-how-fast-is-lightgbm-vs-xgboost-15d224568031

[30] LightGBM; "Optimization in Speed and Memory Usage," lightgbm.readthedocs.io, 2019, https://lightgbm.readthedocs.io/en/latest/Features.html

[31] David Marx; "Decision trees: leaf-wise (best-first) and level-wise tree traverse," stackexchange.com, 2018, https://datascience.stackexchange.com/questions/26699/decision-trees-leaf-

wise-best-first-and-level-wise-tree-traverse

[32] LightGBM; "LightGBM Features," lightgbm.readthedocs.io, 2019, https://lightgbm.readthedocs.io/en/latest/Features.html

[33] Szilard Pafka; "Performance of various open source GBM implementations," github.com, 2019, https://github.com/szilard/GBM-perf

[34] Julio Antonio Soto; "What is the feature importance returned by 'gain' ?", github.com, 2018, https://github.com/Microsoft/LightGBM/issues/1842

[35] scikit-learn; "Linear Regression Example," scikit-learn.org, 2019, https://scikit-learn.org/stable/auto_examples/linear_model/plot_ols.html

[36] Hongjian Li, et. al.; "Substituting random forest for multiple linear regression improves binding affinity prediction of scoring functions: Cyscore as a case study," nih.gov, 2014, www.ncbi.nlm.nih.gov/pmc/articles/PMC4153907/

[37] Aariyan Panchal; "USA Housing.csv," Kaggle, 2018, www.kaggle.com/aariyan101/usa-housingcsv

[38] Datasciencecentral; "RMSE: Root Mean Square Error," Datasciencecentral.com, 2016, www.statisticshowto.datasciencecentral.com/rmse/

第 4 章

无监督学习

新知识是地球上最有价值的商品。真理越多，我们就越富有。

——Kurt Vonnegut[1]

无监督学习是一种机器学习任务，它在数据集中发现隐藏的模式和结构，而不需要借助于标记响应。当你只能访问输入数据，而训练数据不可用或难以获得时，无监督学习是非常适用的。无监督学习常用的方法包括聚类、主题建模、异常检测和主成分分析。

4.1 k-means 聚类算法

聚类是一种无监督机器学习任务，用于对具有某些相似性的未标记的观察对象进行分组。常见的聚类用例包括客户细分、欺诈分析和异常检测。在训练数据不足或不可用的情况下，聚类还常常用于为分类器生成训练数据。k-means 是最流行的无监督聚类学习算法之一。Spark MLlib 包含一个可扩展的 k-means 实现，称为 k-means||。图 4-1 展示了 k-means 将 Iris 数据集中的观察对象分为三个不同的聚类。

图 4-2 展示了正在运行的 k-means 算法。观察对象显示为正方形，聚类中心显示为三角形。图 4-2a 展示了原始数据集。k-means 通过随机分配中心来工作，这些中心被用作每个聚类的起点（如图 4-2b 和图 4-2c 所示）。该算法基于欧几里得距离，

将每个数据点迭代分配到最近的中心。然后，通过计算属于该聚类的所有点的平均值，为每个聚类计算一个新的中心（如图 4-2d 和图 4-2e 所示）。当达到预定的迭代次数或将每个数据点分配到其最近的中心时，算法停止迭代，并且不再执行更多的重新分配（如图 4-2f 所示）。

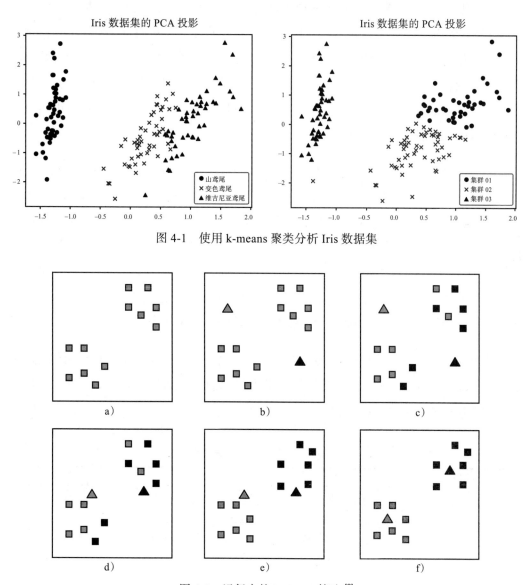

图 4-1　使用 k-means 聚类分析 Iris 数据集

图 4-2　运行中的 k-means 算法 [2]

k-means 要求用户向算法提供聚类数 k。有一些方法可以为你的数据集找到最优的聚类数量。我们将在本章后面的内容讨论肘部法则和轮廓法则。

示例

让我们来看一个简单的客户细分示例。我们将使用一个小型数据集，其中包含 7 个观察对象和 3 个分类以及 2 个连续特征。在开始之前，我们需要解决 k-means 的另一个局限。k-means 不能直接处理分类特征，例如性别（"M"和"F"）、婚姻状况（"M"和"S"）和状态（"CA"和"NY"），且要求所有特征都是连续的。然而，真实世界的数据集通常包含分类特征和连续特征的组合。幸运的是，我们仍然可以使用具有分类特征的 k-means，将它们转换为数字格式。

这并不像听起来那么简单。例如，要将婚姻状态从字符串表示"M"和"S"转换为数字，你可能认为可以将 0 映射到"M"和 1 映射到"S"以适应 k-means 算法。正如你在第 2 章中了解到的，这被称为整数编码或标签编码。但这么做也带来了另一个问题。整数有一种自然的顺序（$0 < 1 < 2$），一些机器学习算法（比如 k-means）可能会误解这种顺序，认为一个分类值比另一个分类值"大"，仅仅是因为它被编码为整数，而实际上数据中不存在这种顺序关系。这会产生意想不到的结果。为了解决这个问题，我们将使用另一种称为独热编码的编码类型 [3]。

在将分类特征转换为整数（使用 StringIndexer）之后，我们使用独热编码（使用 OneHotEncoderEstimator）将分类特征表示为二元向量。例如，表 4-1 中对状态特征（"CA""NY""MA""AZ"）进行了独热编码。

表 4-1　状态特征独热编码表

CA	NY	MA	AZ
1	0	0	0
0	1	0	0
0	0	1	0
0	0	0	1

特征缩放是 k-means 的另一个重要的预处理步骤。正如第 2 章所讨论的，对于

许多涉及距离计算的机器学习算法来说，特征缩放被认为是最佳实践，也是学习算法的必然要求。如果数据是在不同的尺度下测量的，那么特征缩放就尤为重要。某些特征可能具有非常大的值范围，导致它们会主导其他特征的作用。特征缩放确保每个特征按比例贡献最终距离。对于我们的示例，我们将使用 StandardScaler 估计器重新调整我们的特征，使其均值为 0，单位方差（标准差）为 1，如清单 4-1 所示。

清单 4-1   一个使用 k-means 进行客户细分的示例

```scala
// Let's start with our example by creating some sample data.

val custDF = Seq(
(100, 29000,"M","F","CA",25),
(101, 36000,"M","M","CA",46),
(102, 5000,"S","F","NY",18),
(103, 68000,"S","M","AZ",39),
(104, 2000,"S","F","CA",16),
(105, 75000,"S","F","CA",41),
(106, 90000,"M","M","MA",47),
(107, 87000,"S","M","NY",38)
).toDF("customerid", "income","maritalstatus","gender","state","age")

// Perform some preprocessing steps.

import org.apache.spark.ml.feature.StringIndexer

val genderIndexer = new StringIndexer()
                    .setInputCol("gender")
                    .setOutputCol("gender_idx")

val stateIndexer = new StringIndexer()
                    .setInputCol("state")
                    .setOutputCol("state_idx")

val mstatusIndexer = new StringIndexer()
                     .setInputCol("maritalstatus")
                     .setOutputCol("maritalstatus_idx")

import org.apache.spark.ml.feature.OneHotEncoderEstimator

val encoder = new OneHotEncoderEstimator()
              .setInputCols(Array("gender_idx","state_idx",
              "maritalstatus_idx"))
              .setOutputCols(Array("gender_enc","state_enc",
              "maritalstatus_enc"))
```

```
val custDF2 = genderIndexer.fit(custDF).transform(custDF)

val custDF3 = stateIndexer.fit(custDF2).transform(custDF2)

val custDF4 = mstatusIndexer.fit(custDF3).transform(custDF3)

custDF4.select("gender_idx","state_idx","maritalstatus_idx").show

+----------+---------+-----------------+
|gender_idx|state_idx|maritalstatus_idx|
+----------+---------+-----------------+
|       0.0|      0.0|              1.0|
|       1.0|      0.0|              1.0|
|       0.0|      1.0|              0.0|
|       1.0|      3.0|              0.0|
|       0.0|      0.0|              0.0|
|       0.0|      0.0|              0.0|
|       1.0|      2.0|              1.0|
|       1.0|      1.0|              0.0|
+----------+---------+-----------------+

val custDF5 = encoder.fit(custDF4).transform(custDF4)

custDF5.printSchema

root
 |-- customerid: integer (nullable = false)
 |-- income: integer (nullable = false)
 |-- maritalstatus: string (nullable = true)
 |-- gender: string (nullable = true)
 |-- state: string (nullable = true)
 |-- age: integer (nullable = false)
 |-- gender_idx: double (nullable = false)
 |-- state_idx: double (nullable = false)
 |-- maritalstatus_idx: double (nullable = false)
 |-- gender_enc: vector (nullable = true)
 |-- state_enc: vector (nullable = true)
 |-- maritalstatus_enc: vector (nullable = true)

custDF5.select("gender_enc","state_enc","maritalstatus_enc").show

+-------------+-------------+-----------------+
|   gender_enc|    state_enc|maritalstatus_enc|
+-------------+-------------+-----------------+
|(1,[0],[1.0])|(3,[0],[1.0])|          (1,[],[])|
|    (1,[],[])|(3,[0],[1.0])|          (1,[],[])|
|(1,[0],[1.0])|(3,[1],[1.0])|     (1,[0],[1.0])|
|    (1,[],[])|    (3,[],[])|     (1,[0],[1.0])|
|(1,[0],[1.0])|(3,[0],[1.0])|     (1,[0],[1.0])|
|(1,[0],[1.0])|(3,[0],[1.0])|     (1,[0],[1.0])|
```

```
|    (1,[],[])|(3,[2],[1.0])|        (1,[],[])|
|    (1,[],[])|(3,[1],[1.0])|    (1,[0],[1.0])|
+-------------+-------------+-----------------+
```

```
import org.apache.spark.ml.feature.VectorAssembler
```

```
val assembler = new VectorAssembler()
              .setInputCols(Array("income","gender_enc", "state_enc",
              "maritalstatus_enc", "age"))
              .setOutputCol("features")
```

```
val custDF6 = assembler.transform(custDF5)
```

```
custDF6.printSchema
```

```
root
 |-- customerid: integer (nullable = false)
 |-- income: integer (nullable = false)
 |-- maritalstatus: string (nullable = true)
 |-- gender: string (nullable = true)
 |-- state: string (nullable = true)
 |-- age: integer (nullable = false)
 |-- gender_idx: double (nullable = false)
 |-- state_idx: double (nullable = false)
 |-- maritalstatus_idx: double (nullable = false)
 |-- gender_enc: vector (nullable = true)
 |-- state_enc: vector (nullable = true)
 |-- maritalstatus_enc: vector (nullable = true)
 |-- features: vector (nullable = true)
```

```
custDF6.select("features").show(false)
```

```
+---------------------------------+
|features                         |
+---------------------------------+
|[29000.0,1.0,1.0,0.0,0.0,0.0,25.0]|
|(7,[0,2,6],[36000.0,1.0,46.0])   |
|[5000.0,1.0,0.0,1.0,0.0,1.0,18.0] |
|(7,[0,5,6],[68000.0,1.0,39.0])   |
|[2000.0,1.0,1.0,0.0,0.0,1.0,16.0] |
|[75000.0,1.0,1.0,0.0,0.0,1.0,41.0]|
|(7,[0,4,6],[90000.0,1.0,47.0])   |
|[87000.0,0.0,0.0,1.0,0.0,1.0,38.0]|
+---------------------------------+
```

```
import org.apache.spark.ml.feature.StandardScaler
```

```
val scaler = new StandardScaler()
            .setInputCol("features")
            .setOutputCol("scaledFeatures")
```

```
                    .setWithStd(true)
                    .setWithMean(false)

val custDF7 = scaler.fit(custDF6).transform(custDF6)

custDF7.printSchema

root
 |-- customerid: integer (nullable = false)
 |-- income: integer (nullable = false)
 |-- maritalstatus: string (nullable = true)
 |-- gender: string (nullable = true)
 |-- state: string (nullable = true)
 |-- age: integer (nullable = false)
 |-- gender_idx: double (nullable = false)
 |-- state_idx: double (nullable = false)
 |-- maritalstatus_idx: double (nullable = false)
 |-- gender_enc: vector (nullable = true)
 |-- state_enc: vector (nullable = true)
 |-- maritalstatus_enc: vector (nullable = true)
 |-- features: vector (nullable = true)
 |-- scaledFeatures: vector (nullable = true)

custDF7.select("scaledFeatures").show(8,65)

+-----------------------------------------------------------------+
| scaledFeatures                                                  |
+-----------------------------------------------------------------+
|[0.8144011366375091,1.8708286933869707,1.8708286933869707,0.0,...|
|(7,[0,2,6],[1.0109807213431148,1.8708286933869707,3.7319696616...|
|[0.1404139890754326,1.8708286933869707,0.0,2.160246899469287,0...|
|(7,[0,5,6],[1.9096302514258834,1.9321835661585918,3.1640612348...|
|[0.05616559563017304,1.8708286933869707,1.8708286933869707,0.0...|
|[2.106209836131489,1.8708286933869707,1.8708286933869707,0.0,0...|
|(7,[0,4,6],[2.5274518033577866,2.82842712474619,3.813099436871...|
|[2.443203409912527,0.0,0.0,2.160246899469287,0.0,1.93218356615...|
+-----------------------------------------------------------------+

// We'll create two clusters.

import org.apache.spark.ml.clustering.KMeans

val kmeans = new KMeans()
            .setFeaturesCol("scaledFeatures")
            .setPredictionCol("prediction")
            .setK(2)

import org.apache.spark.ml.Pipeline

val pipeline = new Pipeline()
```

```
                .setStages(Array(genderIndexer, stateIndexer,
                mstatusIndexer, encoder, assembler, scaler, kmeans))

val model = pipeline.fit(custDF)

val clusters = model.transform(custDF)
clusters.select("customerid","income","maritalstatus",
                "gender","state","age","prediction")
                .show
```

```
+----------+------+-------------+------+-----+---+----------+
|customerid|income|maritalstatus|gender|state|age|prediction|
+----------+------+-------------+------+-----+---+----------+
|       100| 29000|            M|     F|   CA| 25|         1|
|       101| 36000|            M|     M|   CA| 46|         0|
|       102|  5000|            S|     F|   NY| 18|         1|
|       103| 68000|            S|     M|   AZ| 39|         0|
|       104|  2000|            S|     F|   CA| 16|         1|
|       105| 75000|            S|     F|   CA| 41|         0|
|       106| 90000|            M|     M|   MA| 47|         0|
|       107| 87000|            S|     M|   NY| 38|         0|
+----------+------+-------------+------+-----+---+----------+
```

```
import org.apache.spark.ml.clustering.KMeansModel

val model = pipeline.stages.last.asInstanceOf[KMeansModel]

model.clusterCenters.foreach(println)
[1.9994952044341603,0.37416573867739417,0.7483314773547883,0.4320493798938574,
0.565685424949238,1.159310139695155,3.4236765156588613]
[0.3369935737810382,1.8708286933869707,1.247219128924647,0.7200822998230956,
0.0,1.288122377439061,1.5955522466340666]
```

我们通过在集合内误差平方和（WSSSE）的计算来评估我们的聚类。使用"肘部法则"检查 WSSSE 通常可以用于帮助确定聚类的最佳数量。肘部法则通过将模型与一组 k 值进行拟合，并将其绘制到 WSSSE 上。直观地检查折线图，如果它类似于一个弯曲的手臂，那么它在曲线上的弯曲点（即"肘部"）表示 k 的最优值。

```
val wssse = model.computeCost(custDF)
wssse: Double = 32.09801038868844
```

另一种评估聚类质量的方法是计算轮廓系数得分。轮廓分数提供了一个度量指标，用于度量一个聚类中的每个点与其他聚类中的点之间的距离。轮廓分数越大，聚类的质量就越好。接近 1 的分数表示这些点更接近集群的中心。接近 0 的分数表示这些点更接近其他聚类，而负值表示这些点可能被分配到错误的聚类。

```
import org.apache.spark.ml.evaluation.ClusteringEvaluator

val evaluator = new ClusteringEvaluator()

val silhouette = evaluator.evaluate(clusters)

silhouette: Double = 0.6722088068201866
```

4.2　使用隐含狄利克雷分布进行主题建模

隐含狄利克雷分布（LDA）由 David M. Blei、Andrew Ng 和 Michael Jordan 于 2003 年开发出来，虽然在 2000 年就由 Jonathan K. Pritchard、Matthew Stephens 和 Peter Donnelly 提出了一个类似的用于群体遗传学的算法。LDA 应用于机器学习时，是基于图模型的，并且是基于 GraphX 构建的 Spark MLlib 中包含的第一个算法。LDA 被广泛用于主题建模。主题模型自动在一组文档中派生主题（图 4-3）。这些主题可用于基于内容的建议、文档分类、降维和特征化。

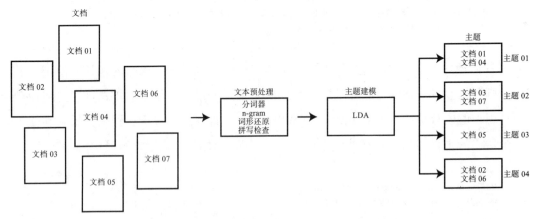

图 4-3　使用 LDA 按照主题进行文档分组

尽管 Spark MLlib 具有广泛的文本挖掘和预处理功能，但它缺少大多数企业级

NLP 库 [4] 中具有的若干功能，例如词形还原、词干提取和情感分析等。在本章后面的主题建模示例中，我们将需要其中一些功能。接下来我们会介绍 John Snow 实验室研发的使用 Spark 的 Stanford CoreNLP 和 Spark NLP。

4.2.1 Stanford CoreNLP

Stanford CoreNLP 是由 Stanford 大学的 NLP 研究小组开发的专业级 NLP 库。CoreNLP 支持多种语言，例如阿拉伯语、汉语、英语、法语和德语 [5]。它提供了原版 Java API、Web API 和命令行接口。它还有用于主要编程语言（例如 R、Python、Ruby 和 Lua）的第三方 API。来自 Databricks 的软件工程师 Xiangrui Meng 为 Spark 开发了 Stanford CoreNLP 包装器（请参见清单 4-2）。

清单 4-2　一个关于使用 Spark 的 Stanford CoreNLP 的简要介绍

```
spark-shell --packages databricks:spark-corenlp:0.4.0-spark2.4-scala2.11
--jars stanford-corenlp-3.9.1-models.jar

import spark.implicits._
import org.apache.spark.sql.types._

val dataDF = Seq(
(1, "Kevin Durant was the 2019 All-Star NBA Most Valuable Player."),
(2, "Stephen Curry is the best clutch three-point shooter in the NBA."),
(3, "My game is not as good as it was 20 years ago."),
(4, "Michael Jordan is the greatest NBA player of all time."),
(5, "The Lakers currently have one of the worst performances in the NBA."))
.toDF("id", "text")

dataDF.show(false)

+---+-------------------------------------------------------------------+
|id |text                                                               |
+---+-------------------------------------------------------------------+
|1  |Kevin Durant was the 2019 All-Star NBA Most Valuable Player.        |
|2  |Stephen Curry is the best clutch three-point shooter in the NBA.    |
|3  |My game is not as good as it was 20 years ago.                      |
|4  |Michael Jordan is the greatest NBA player of all time.             |
|5  |The Lakers currently have one of the worst performances in the NBA.|
+---+-------------------------------------------------------------------+

// Stanford CoreNLP lets you chain text processing functions. Let's split
// the document into sentences and then tokenize the sentences into words.
```

```
import com.databricks.spark.corenlp.functions._

val dataDF2 = dataDF
            .select(explode(ssplit('text)).as('sen))
            .select('sen, tokenize('sen).as('words))

dataDF2.show(5,30)

+----------------------------+----------------------------+
|                         sen|                       words|
+----------------------------+----------------------------+
|Kevin Durant was the 2019 A...|[Kevin, Durant, was, the, 2...|
|Stephen Curry is the best c...|[Stephen, Curry, is, the, b...|
|My game is not as good as i...|[My, game, is, not, as, goo...|
|Michael Jordan is the great...|[Michael, Jordan, is, the, ...|
|The Lakers currently have o...|[The, Lakers, currently, ha...|
+----------------------------+----------------------------+

// Perform sentiment analysis on the sentences. The scale
// ranges from 0 for strong negative to 4 for strong positive.

val dataDF3 = dataDF
            .select(explode(ssplit('text)).as('sen))
            .select('sen, tokenize('sen).as('words), sentiment('sen).
            as('sentiment))

dataDF3.show(5,30)

+----------------------------+----------------------------+---------+
|                         sen|                       words|sentiment|
+----------------------------+----------------------------+---------+
|Kevin Durant was the 2019 A...|[Kevin, Durant, was, the, 2...|        1|
|Stephen Curry is the best c...|[Stephen, Curry, is, the, b...|        3|
|My game is not as good as i...|[My, game, is, not, as, goo...|        1|
|Michael Jordan is the great...|[Michael, Jordan, is, the, ...|        3|
|The Lakers currently have o...|[The, Lakers, currently, ha...|        1|
+----------------------------+----------------------------+---------+
```

访问 Databricks 的 CoreNLP GitHub 页面以获取使用 Spark 的 Stanford CoreNLP
Spark 中可用功能的完整列表。

4.2.2　John Snow 实验室的 Spark NLP

John Snow 实验室的 Spark NLP 库本身支持 Spark ML Pipelines API。Spark NLP
库是用 Scala 编写的，具有 Scala 支持且提供了 Python API，它还具有一些高级功
能，例如分词器、词形还原器、词干提取器、实体和日期提取器、词性标注器、句

子边界检测、拼写检查器和命名实体识别等。

注解器在 Spark NLP 中提供 NLP 功能。一个注解器是 Spark NLP 操作的结果。注解器有两种类型，注解器方法和注解器模型。注解器方法表示 Spark MLlib 估计器，它可以使模型与数据拟合以生成注解器模型或转换器。注解器模型是一个转换器，它获取数据集并添加带有注解结果的列。由于它们被表示为 Spark 估计器和转换器，所以注解器可以轻松地与 Spark Pipeline API 集成。Spark NLP 为用户提供了几种访问其功能的方法[6]。

1. 预训练管道

Spark NLP 中包含了用于快速文本注解的预训练管道。Spark NLP 提供了一个预训练的管道 explain_document_ml，它接受文本作为输入（参见清单 4-3）。预训练的管道包含流行的文本处理功能，并提供了一种快速且不太麻烦地使用 Spark NLP 的方法。

清单 4-3　SparkNLP 预训练管道示例

```
spark-shell --packages JohnSnowLabs:spark-nlp:2.1.0

import com.johnsnowlabs.nlp.pretrained.PretrainedPipeline

val annotations = PretrainedPipeline("explain_document_ml").annotate
("I visited Greece last summer. It was a great trip. I went swimming in
Mykonos.")

annotations("sentence")
res7: Seq[String] = List(I visited Greece last summer.,
It was a great trip., I went swimming in Mykonos.)

annotations("token")
res8: Seq[String] = List(I, visited, Greece, last, summer, .,
It, was, a, great, trip, ., I, went, swimming, in, Mykonos, .)

annotations("lemma")
res9: Seq[String] = List(I, visit, Greece, last, summer, .,
It, be, a, great, trip, ., I, go, swim, in, Mykonos, .)
```

2. 使用 Spark DataFrame 的预训练管道

预训练管道还可以与 Spark DataFrame 一起工作，如清单 4-4 所示。

清单 4-4　使用 Spark DataFrame 的 Spark NLP 预训练管道

```
val data = Seq("I visited Greece last summer. It was a great trip. I went
swimming in Mykonos.").toDF("text")

val annotations = PretrainedPipeline("explain_document_ml").transform(data)

annotations.show()

+-------------------+-------------------+-------------------+
|               text|           document|           sentence|
+-------------------+-------------------+-------------------+
|I visited Greece ...|[[document, 0, 77...|[[document, 0, 28...|
+-------------------+-------------------+-------------------+

+-------------------+
|              token|
+-------------------+
|[[token, 0, 0, I,...|
+-------------------+

+-------------------+-------------------+-------------------+
|            checked|              lemma|               stem|
+-------------------+-------------------+-------------------+
|[[token, 0, 0, I,...|[[token, 0, 0, I,...|[[token, 0, 0, i,...|
+-------------------+-------------------+-------------------+

+-------------------+
|                pos|
+-------------------+
|[[pos, 0, 0, PRP,...|
+-------------------+
```

3. 使用 Spark MLlib 管道的预训练管道

你可以使用预训练管道和 Spark MLlib Pipeline（参见清单 4-5）。请注意，需要一个名为 Finisher 的特殊转换器以人类可读的格式显示标记。

清单 4-5　使用 Spark MLlib 管道的预训练管道

```
import com.johnsnowlabs.nlp.Finisher
import org.apache.spark.ml.Pipeline

val data = Seq("I visited Greece last summer. It was a great trip. I went
swimming in Mykonos.").toDF("text")

val finisher = new Finisher()
```

```
                  .setInputCols("sentence", "token", "lemma")
val explainPipeline = PretrainedPipeline("explain_document_ml").model
val pipeline = new Pipeline()
                  .setStages(Array(explainPipeline,finisher))
pipeline.fit(data).transform(data).show(false)
+--------------------------------------------------+
|text                                              |
+--------------------------------------------------+
|I visited Greece last summer. It was a great trip.|
+--------------------------------------------------+

+--------------------------+
| text                     |
+--------------------------+
|I went swimming in Mykonos. |
+--------------------------+

+-------------------------------------------------+
|finished_sentence                                |
+-------------------------------------------------+
|[I visited Greece last summer., It was a great trip. |
+-------------------------------------------------+

+----------------------------+
| finished_sentence          |
+----------------------------+
|,I went swimming in Mykonos.]|
+----------------------------+

+----------------------------------------------------------+
|finished_token                                            |
+----------------------------------------------------------+
|[I, visited, Greece, last, summer, ., It, was, a, great, trip, .,|
+----------------------------------------------------------+

+----------------------------------------------------------+
|finished_lemma                                            |
+----------------------------------------------------------+
|[I, visit, Greece, last, summer, ., It, be, a, great, trip, .,|
+----------------------------------------------------------+
+------------------------------+
| finished_lemma               |
+------------------------------+
|, I, go, swim, in, Mykonos, .] |
+------------------------------+
```

4. 创建你自己的 Spark MLlib 管道

你可以直接从你自己的 Spark MLlib 管道中使用注解器，如清单 4-6 所示。

清单 4-6　创建你自己的 Spark MLlib 管道

```
import com.johnsnowlabs.nlp.base._
import com.johnsnowlabs.nlp.annotator._
import org.apache.spark.ml.Pipeline

val data = Seq("I visited Greece last summer. It was a great trip. I went
swimming in Mykonos.").toDF("text")

val documentAssembler = new DocumentAssembler()
                        .setInputCol("text")
                        .setOutputCol("document")

val sentenceDetector = new SentenceDetector()
                        .setInputCols(Array("document"))
                        .setOutputCol("sentence")

val regexTokenizer = new Tokenizer()
                        .setInputCols(Array("sentence"))
                        .setOutputCol("token")

val finisher = new Finisher()
                .setInputCols("token")
                .setCleanAnnotations(false)

val pipeline = new Pipeline()
                .setStages(Array(documentAssembler,
                sentenceDetector,regexTokenizer,finisher))
pipeline.fit(Seq.empty[String].toDF("text"))
        .transform(data)
        .show()

+--------------------+--------------------+--------------------+
|                text|            document|            sentence|
+--------------------+--------------------+--------------------+
|I visited Greece ...|[[document, 0, 77...|[[document, 0, 28...|
+--------------------+--------------------+--------------------+


+--------------------+--------------------+
|               token|      finished_token|
+--------------------+--------------------+
|[[token, 0, 0, I,...|[I, visited, Gree...|
+--------------------+--------------------+
```

5. Spark NLP LightPipeline

Spark NLP 提供了另一类管道 LightPipeline（轻量级管道）。它类似于 Spark MLlib 管道，但是没有利用 Spark 的分布式处理能力，而是在本地执行。当处理少量数据并且需要低延迟执行时，LightPipeline 是合适的（参见清单 4-7）。

清单 4-7　Spark NLP Light Pipeline 示例

```
import com.johnsnowlabs.nlp.base._
val trainedModel = pipeline.fit(Seq.empty[String].toDF("text"))
val lightPipeline = new LightPipeline(trainedModel)
lightPipeline.annotate("I visited Greece last summer.")
```

6. Spark NLP OCR 模块

Spark NLP 包括一个 OCR 模块，允许用户从 PDF 文件创建 Spark DataFrame。OCR 模块不包含在核心 Spark NLP 库中。要使用它，你需要包含一个单独的包并指定一个额外的存储库，如清单 4-8 中的 spark-shell 命令所示。

清单 4-8　Spark NLP OCR 模块示例

```
spark-shell --packages JohnSnowLabs:spark-nlp:2.1.0,com.johnsnowlabs.
nlp:spark-nlp-ocr_2.11:2.1.0,javax.media.jai:com.springsource.javax.media.
jai.core:1.1.3
      --repositories http://repo.spring.io/plugins-release

import com.johnsnowlabs.nlp.util.io.OcrHelper

val myOcrHelper = new OcrHelper

val data = myOcrHelper.createDataset(spark, "/my_pdf_files/")

val documentAssembler = new DocumentAssembler().setInputCol("text")

documentAssembler.transform(data).select("text","filename").show(1,45)

+-----------------------------------------+
|                                     text|
+-----------------------------------------+
```

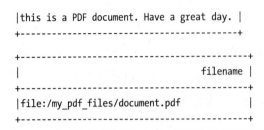

```
|this is a PDF document. Have a great day. |
+------------------------------------------+


+-------------------------------------------+
|                                 filename |
+-------------------------------------------+
|file:/my_pdf_files/document.pdf           |
+-------------------------------------------+
```

Spark NLP 是一个功能强大的库，它包含了很多本书中没有介绍的特性。要了解更多关于 Spark NLP 的信息，请访问 http://nlp.johnsnowlabs.com。

4.2.3　示例

现在，基于前面提到的这些工具，我们可以继续展示主题建模示例。我们将使用 LDA 分类超过 100 万个新闻标题，这些标题是按主题发表的，时间跨度超过 15 年。数据集可以从 Kaggle 上下载，由澳大利亚广播公司发表，并由 Rohit Kulkarni 提供。

我们可以使用来自 John Snow 实验室的 Spark NLP 或 Stanford CoreNLP 包来为我们提供额外的文本处理功能。在本例中，我们将使用 Stanford CoreNLP 包（参见清单 4-9）。

清单 4-9　使用 LDA 的主题建模

```
spark-shell --packages databricks:spark-corenlp:0.4.0-spark2.4-scala2.11
--jars stanford-corenlp-3.9.1-models.jar

import org.apache.spark.sql.functions._
import org.apache.spark.sql.types._
import org.apache.spark.sql._

// Define the schema.

var newsSchema = StructType(Array (
StructField("publish_date",    IntegerType, true),
StructField("headline_text",    StringType, true)
    ))

// Read the data.
```

```
val dataDF = spark.read.format("csv")
            .option("header", "true")
            .schema(newsSchema)
            .load("abcnews-date-text.csv")
```

```
// Inspect the data.
```

```
dataDF.show(false)
+------------+------------------------------------------------+
|publish_date|headline_text                                   |
+------------+------------------------------------------------+
|20030219    |aba decides against community broadcasting licence|
|20030219    |act fire witnesses must be aware of defamation  |
|20030219    |a g calls for infrastructure protection summit  |
|20030219    |air nz staff in aust strike for pay rise        |
|20030219    |air nz strike to affect australian travellers   |
|20030219    |ambitious olsson wins triple jump               |
|20030219    |antic delighted with record breaking barca      |
|20030219    |aussie qualifier stosur wastes four memphis match |
|20030219    |aust addresses un security council over iraq    |
|20030219    |australia is locked into war timetable opp      |
|20030219    |australia to contribute 10 million in aid to iraq |
|20030219    |barca take record as robson celebrates birthday in|
|20030219    |bathhouse plans move ahead                      |
|20030219    |big hopes for launceston cycling championship   |
|20030219    |big plan to boost paroo water supplies          |
|20030219    |blizzard buries united states in bills          |
|20030219    |brigadier dismisses reports troops harassed in  |
|20030219    |british combat troops arriving daily in kuwait  |
|20030219    |bryant leads lakers to double overtime win      |
|20030219    |bushfire victims urged to see centrelink        |
+------------+------------------------------------------------+
only showing top 20 rows
```

```
// Remove punctuations.
```

```
val dataDF2 = dataDF
              .withColumn("headline_text",
              regexp_replace((dataDF("headline_text")), "[^a-zA-Z0-9 ]", ""))
```

```
// We will use Stanford CoreNLP to perform lemmatization. As discussed
// earlier, lemmatization derives the root form of inflected words. For
// example, "camping", "camps", "camper", and "camped" are all inflected
// forms of "camp". Reducing inflected words to its root form helps reduce
// the complexity of performing natural language processing. A similar
// process known as stemming also reduces inflected words to their root
// form, but it does so by crudely chopping off affixes, even though the
```

```
// root form may not be a valid word. In contrast, lemmatization ensures
// that the inflected words are reduced to a valid root word through the
// morphological analysis of words and the use of a vocabulary. [7]

import com.databricks.spark.corenlp.functions._

val dataDF3 = dataDF2
    .select(explode(ssplit('headline_text)).as('sen))
            .select('sen, lemma('sen)
            .as('words))

dataDF3.show
+--------------------+--------------------+
|                 sen|               words|
+--------------------+--------------------+
|aba decides again...|[aba, decide, aga...|
|act fire witnesse...|[act, fire, witne...|
|a g calls for inf...|[a, g, call, for,...|
|air nz staff in a...|[air, nz, staff, ...|
|air nz strike to ...|[air, nz, strike,...|
|ambitious olsson ...|[ambitious, olsso...|
|antic delighted w...|[antic, delighted...|
|aussie qualifier ...|[aussie, qualifie...|
|aust addresses un...|[aust, address, u...|
|australia is lock...|[australia, be, l...|
|australia to cont...|[australia, to, c...|
|barca take record...|[barca, take, rec...|
|bathhouse plans m...|[bathhouse, plan,...|
|big hopes for lau...|[big, hope, for, ...|
|big plan to boost...|[big, plan, to, b...|
|blizzard buries u...|[blizzard, bury, ...|
|brigadier dismiss...|[brigadier, dismi...|
|british combat tr...|[british, combat,...|
|bryant leads lake...|[bryant, lead, la...|
|bushfire victims ...|[bushfire, victim...|
+--------------------+--------------------+
only showing top 20 rows

// We'll remove stop words such as "a", "be", and "to". Stop
// words have no contribution to the meaning of a document.

import org.apache.spark.ml.feature.StopWordsRemover

val remover = new StopWordsRemover()
            .setInputCol("words")
            .setOutputCol("filtered_stopwords")

val dataDF4 = remover.transform(dataDF3)
```

```
dataDF4.show
```

```
+--------------------+--------------------+--------------------+
|                 sen|               words|  filtered_stopwords|
+--------------------+--------------------+--------------------+
|aba decides again...|[aba, decide, aga...|[aba, decide, com...|
|act fire witnesse...|[act, fire, witne...|[act, fire, witne...|
|a g calls for inf...|[a, g, call, for,...|[g, call, infrast...|
|air nz staff in a...|[air, nz, staff, ...|[air, nz, staff, ...|
|air nz strike to ...|[air, nz, strike,...|[air, nz, strike,...|
|ambitious olsson ...|[ambitious, olsso...|[ambitious, olsso...|
|antic delighted w...|[antic, delighted...|[antic, delighted...|
|aussie qualifier ...|[aussie, qualifie...|[aussie, qualifie...|
|aust addresses un...|[aust, address, u...|[aust, address, u...|
|australia is lock...|[australia, be, l...|[australia, lock,...|
|australia to cont...|[australia, to, c...|[australia, contr...|
|barca take record...|[barca, take, rec...|[barca, take, rec...|
|bathhouse plans m...|[bathhouse, plan,...|[bathhouse, plan,...|
|big hopes for lau...|[big, hope, for, ...|[big, hope, launc...|
|big plan to boost...|[big, plan, to, b...|[big, plan, boost...|
|blizzard buries u...|[blizzard, bury, ...|[blizzard, bury, ...|
|brigadier dismiss...|[brigadier, dismi...|[brigadier, dismi...|
|british combat tr...|[british, combat,...|[british, combat,...|
|bryant leads lake...|[bryant, lead, la...|[bryant, lead, la...|
|bushfire victims ...|[bushfire, victim...|[bushfire, victim...|
+--------------------+--------------------+--------------------+
only showing top 20 rows
```

```
// Generate n-grams. n-grams are a sequence of "n" number of words often
// used to discover the relationship of words in a document.  For example,
// "Los Angeles" is a bigram. "Los" and "Angeles" are unigrams. "Los" and
// "Angeles" when considered as individual units may not mean much, but it
// is more meaningful when combined as a single entity "Los Angeles".
// Determining the optimal number of "n" is dependent on the use case
// and the language used in the document.[8] For our example, we'll
generate // a unigram, bigram, and trigram.
import org.apache.spark.ml.feature.NGram
```

```
val unigram = new NGram()
          .setN(1)
          .setInputCol("filtered_stopwords")
          .setOutputCol("unigram_words")
```

```
val dataDF5 = unigram.transform(dataDF4)
```

```
dataDF5.printSchema
root
 |-- sen: string (nullable = true)
```

```
 |-- words: array (nullable = true)
 |    |-- element: string (containsNull = true)
 |-- filtered_stopwords: array (nullable = true)
 |    |-- element: string (containsNull = true)
 |-- unigram_words: array (nullable = true)
 |    |-- element: string (containsNull = false)

val bigram = new NGram()
            .setN(2)
            .setInputCol("filtered_stopwords")
            .setOutputCol("bigram_words")

val dataDF6 = bigram.transform(dataDF5)

dataDF6.printSchema
root
 |-- sen: string (nullable = true)
 |-- words: array (nullable = true)
 |    |-- element: string (containsNull = true)
 |-- filtered_stopwords: array (nullable = true)
 |    |-- element: string (containsNull = true)
 |-- unigram_words: array (nullable = true)
 |    |-- element: string (containsNull = false)
 |-- bigram_words: array (nullable = true)
 |    |-- element: string (containsNull = false)

val trigram = new NGram()
            .setN(3)
            .setInputCol("filtered_stopwords")
            .setOutputCol("trigram_words")

val dataDF7 = trigram.transform(dataDF6)

dataDF7.printSchema
root
 |-- sen: string (nullable = true)
 |-- words: array (nullable = true)
 |    |-- element: string (containsNull = true)
 |-- filtered_stopwords: array (nullable = true)
 |    |-- element: string (containsNull = true)
 |-- unigram_words: array (nullable = true)
 |    |-- element: string (containsNull = false)
 |-- bigram_words: array (nullable = true)
 |    |-- element: string (containsNull = false)
 |-- trigram_words: array (nullable = true)
 |    |-- element: string (containsNull = false)

// We combine the unigram, bigram, and trigram into a single vocabulary.
// We will concatenate and store the words in a column "ngram_words"
```

```
// using Spark SQL.

dataDF7.createOrReplaceTempView("dataDF7")

val dataDF8 = spark.sql("select sen,words,filtered_stopwords,unigram_words,
bigram_words,trigram_words,concat(concat(unigram_words,bigram_words),
trigram_words) as ngram_words from dataDF7")

dataDF8.printSchema
root
 |-- sen: string (nullable = true)
 |-- words: array (nullable = true)
 |    |-- element: string (containsNull = true)
 |-- filtered_stopwords: array (nullable = true)
 |    |-- element: string (containsNull = true)
 |-- unigram_words: array (nullable = true)
 |    |-- element: string (containsNull = false)
 |-- bigram_words: array (nullable = true)
 |    |-- element: string (containsNull = false)
 |-- trigram_words: array (nullable = true)
 |    |-- element: string (containsNull = false)
 |-- ngram_words: array (nullable = true)
 |    |-- element: string (containsNull = false)

dataDF8.select("ngram_words").show(20,65)
+-----------------------------------------------------------------+
|ngram_words                                                      |
+-----------------------------------------------------------------+
|[aba, decide, community, broadcasting, licence, aba decide, de...|
|[act, fire, witness, must, aware, defamation, act fire, fire w...|
|[g, call, infrastructure, protection, summit, g call, call inf...|
|[air, nz, staff, aust, strike, pay, rise, air nz, nz staff, st...|
|[air, nz, strike, affect, australian, traveller, air nz, nz st...|
|[ambitious, olsson, win, triple, jump, ambitious olsson, olsso...|
|[antic, delighted, record, break, barca, antic delighted, deli...|
|[aussie, qualifier, stosur, waste, four, memphis, match, aussi...|
|[aust, address, un, security, council, iraq, aust address, add...|
|[australia, lock, war, timetable, opp, australia lock, lock wa...|
|[australia, contribute, 10, million, aid, iraq, australia cont...|
|[barca, take, record, robson, celebrate, birthday, barca take,...|
|[bathhouse, plan, move, ahead, bathhouse plan, plan move, move...|
|[big, hope, launceston, cycling, championship, big hope, hope ...|
|[big, plan, boost, paroo, water, supplies, big plan, plan boos...|
|[blizzard, bury, united, state, bill, blizzard bury, bury unit...|
|[brigadier, dismiss, report, troops, harass, brigadier dismiss...|
|[british, combat, troops, arrive, daily, kuwait, british comba...|
|[bryant, lead, laker, double, overtime, win, bryant lead, lead...|
```

```
|[bushfire, victim, urge, see, centrelink, bushfire victim, vic...|
+----------------------------------------------------------------+
only showing top 20 rows

// Use CountVectorizer to convert the text data to vectors of token counts.

import org.apache.spark.ml.feature.{CountVectorizer, CountVectorizerModel}

val cv = new CountVectorizer()
        .setInputCol("ngram_words")
        .setOutputCol("features")

val cvModel = cv.fit(dataDF8)

val dataDF9 = cvModel.transform(dataDF8)

val vocab = cvModel.vocabulary

vocab: Array[String] = Array(police, man, new, say, plan, charge, call,
council, govt, fire, court, win, interview, back, kill, australia, find,
death, urge, face, crash, nsw, report, water, get, australian, qld, take,
woman, wa, attack, sydney, year, change, murder, hit, health, jail, claim,
day, child, miss, hospital, car, home, sa, help, open, rise, warn, school,
world, market, cut, set, accuse, die, seek, drug, make, boost, may, coast,
government, ban, job, group, fear, mp, two, talk, service, farmer,
minister, election, fund, south, road, continue, lead, worker, first,
national, test, arrest, work, rural, go, power, price, cup, final, concern,
green, china, mine, fight, labor, trial, return, flood, deal, north, case,
push, pm, melbourne, law, driver, one, nt, want, centre, record, ...

// We use IDF to scale the features generated by CountVectorizer.
// Scaling features generally improves performance.

import org.apache.spark.ml.feature.IDF

val idf = new IDF()
        .setInputCol("features")
        .setOutputCol("features2")

val idfModel = idf.fit(dataDF9)

val dataDF10 = idfModel.transform(dataDF9)

dataDF10.select("features2").show(20,65)
+----------------------------------------------------------------+
| features2                                                      |
+----------------------------------------------------------------+
|(262144,[154,1054,1140,15338,19285],[5.276861439995834,6.84427...|
|(262144,[9,122,711,727,3141,5096,23449],[4.189486226673463,5.1...|
|(262144,[6,734,1165,1177,1324,43291,96869],[4.070620900306447,...|
|(262144,[48,121,176,208,321,376,424,2183,6231,12147,248053],[4...|
|(262144,[25,176,208,376,764,3849,12147,41079,94670,106284],[4....|
```

```
|(262144,[11,1008,1743,10833,128493,136885],[4.2101466208496285...|
|(262144,[113,221,3099,6140,9450,16643],[5.120230688038215,5.54...|
|(262144,[160,259,483,633,1618,4208,17750,187744],[5.3211036079...|
|(262144,[7,145,234,273,321,789,6163,10334,11101,32988],[4.0815...|
|(262144,[15,223,1510,5062,5556],[4.393970862600795,5.555011224...|
|(262144,[15,145,263,372,541,3896,15922,74174,197210],[4.393970...|
|(262144,[27,113,554,1519,3099,13499,41664,92259],[4.5216508634...|
|(262144,[4,131,232,5636,6840,11444,37265],[3.963488754657374,5...|
|(262144,[119,181,1288,1697,2114,49447,80829,139670],[5.1266204...|
|(262144,[4,23,60,181,2637,8975,9664,27571,27886],[3.9634887546...|
|(262144,[151,267,2349,3989,7631,11862],[5.2717309555002725,5.6...|
|(262144,[22,513,777,12670,33787,49626],[4.477068652869369,6.16...|
|(262144,[502,513,752,2211,5812,7154,30415,104812],[6.143079025...|
|(262144,[11,79,443,8222,8709,11447,194715],[4.2101466208496285...|
|(262144,[18,146,226,315,2877,5160,19389,42259],[4.414350240692...|
+----------------------------------------------------------------+
only showing top 20 rows
```

// The scaled features could then be passed to LDA.

```
import org.apache.spark.ml.clustering.LDA

val lda = new LDA()
          .setK(30)
          .setMaxIter(10)

val model = lda.fit(dataDF10)

val topics = model.describeTopics

topics.show(20,30)
+-----+------------------------------+------------------------------+
|topic|                   termIndices|                   termWeights|
+-----+------------------------------+------------------------------+
|    0|[2, 7, 16, 9482, 9348, 5, 1...|[1.817876125380732E-4, 1.09...|
|    1|[974, 2, 3, 5189, 5846, 541...|[1.949552388785536E-4, 1.89...|
|    2|[2253, 4886, 12, 6767, 3039...|[2.7922272919208327E-4, 2.4...|
|    3|[6218, 6313, 5762, 3387, 27...|[1.6618313204146235E-4, 1.6...|
|    4|[0, 1, 39, 14, 13, 11, 2, 1...|[1.981809243111437E-4, 1.22...|
|    5|[4, 7, 22, 11, 2, 3, 79, 92...|[2.49620962563534E-4, 2.032...|
|    6|[15, 32, 319, 45, 342, 121,...|[2.885684164769467E-5, 2.45...|
|    7|[2298, 239, 1202, 3867, 431...|[3.435238376348344E-4, 3.30...|
|    8|[0, 4, 110, 3, 175, 38, 8, ...|[1.0177738516279581E-4, 8.7...|
|    9|[1, 19, 10, 2, 7, 8, 5, 0, ...|[2.2854683602607976E-4, 1.4...|
|   10|[1951, 1964, 16, 33, 1, 5, ...|[1.959705576881449E-4, 1.92...|
|   11|[12, 89, 72, 3, 92, 63, 62,...|[4.167255720848278E-5, 3.19...|
|   12|[4, 23, 13, 22, 73, 18, 70,...|[1.1641833113477034E-4, 1.1...|
|   13|[12, 1, 5, 16, 185, 132, 24...|[0.008769073702733892, 0.00...|
```

```
|   14|[9151, 13237, 3140, 14, 166...|[8.201099412213086E-5, 7.85...|
|   15|[9, 1, 0, 11, 3, 15, 32, 52...|[0.0032039727688580703, 0.0...|
|   16|[1, 10, 5, 56, 27, 3, 16, 1...|[5.252120584885086E-5, 4.05...|
|   17|[12, 1437, 4119, 1230, 5303...|[5.532790361864421E-4, 2.97...|
|   18|[12, 2459, 7836, 8853, 7162...|[6.862552774818539E-4, 1.83...|
|   19|[21, 374, 532, 550, 72, 773...|[0.0024665346250921432, 0.0...|
+-----+------------------------------+------------------------------+
only showing top 20 rows

// Determine the max size of the vocabulary.

model.vocabSize
res27: Int = 262144

// Extract the topic words. The describeTopics method returns the
// dictionary indices from CountVectorizer's output. We will use a custom
// user-defined function to map the words to the indices.[9]

import scala.collection.mutable.WrappeddArray
import org.apache.spark.sql.functions.udf

val extractWords = udf( (x : WrappedArray[Int]) => { x.map(i => vocab(i)) })

val topics = model
            .describeTopics
            .withColumn("words", extractWords(col("termIndices")))

topics.select("topic","termIndices","words").show(20,30)
+-----+------------------------------+------------------------------+
|topic|                   termIndices|                         words|
+-----+------------------------------+------------------------------+
|    0|[2, 7, 16, 9482, 9348, 5, 1...|[new, council, find, abuse ...|
|    1|[974, 2, 3, 5189, 5846, 541...|[2016, new, say, china sea,...|
|    2|[2253, 4886, 12, 6767, 3039...|[nathan, interview nathan, ...|
|    3|[6218, 6313, 5762, 3387, 27...|[new guinea, papua new guin...|
|    4|[0, 1, 39, 14, 13, 11, 2, 1...|[police, man, day, kill, ba...|
|    5|[4, 7, 22, 11, 2, 3, 79, 92...|[plan, council, report, win...|
|    6|[15, 32, 319, 45, 342, 121,...|[australia, year, india, sa...|
|    7|[2298, 239, 1202, 3867, 431...|[sach, tour, de, tour de, d...|
|    8|[0, 4, 110, 3, 175, 38, 8, ...|[police, plan, nt, say, fun...|
|    9|[1, 19, 10, 2, 7, 8, 5, 0, ...|[man, face, court, new, cou...|
|   10|[1951, 1964, 16, 33, 1, 5, ...|[vic country, vic country h...|
|   11|[12, 89, 72, 3, 92, 63, 62,...|[interview, price, farmer, ...|
|   12|[4, 23, 13, 22, 73, 18, 70,...|[plan, water, back, report,...|
|   13|[12, 1, 5, 16, 185, 132, 24...|[interview, man, charge, fi...|
|   14|[9151, 13237, 3140, 14, 166...|[campese, interview terry, ...|
|   15|[9, 1, 0, 11, 3, 15, 32, 52...|[fire, man, police, win, sa...|
|   16|[1, 10, 5, 56, 27, 3, 16, 1...|[man, court, charge, die, t...|
|   17|[12, 1437, 4119, 1230, 5303...|[interview, redback, 666, s...|
```

```
|    18|[12, 2459, 7836, 8853, 7162...|[interview, simon, intervie...|
|    19|[21, 374, 532, 550, 72, 773...|[nsw, asylum, seeker, asylu...|
+-----+-------------------------------+------------------------------+
only showing top 20 rows
```

```scala
// Extract the term weights from describeTopics.

val wordsWeight = udf( (x : WrappedArray[Int],
y : WrappedArray[Double]) =>
{ x.map(i => vocab(i)).zip(y)}
)

val topics2 = model
              .describeTopics
              .withColumn("words", wordsWeight(col("termIndices"),
              col("termWeights")))

val topics3 = topics2
              .select("topic", "words")
              .withColumn("words", explode(col("words")))
topics3.show(50,false)
```

```
+-----+--------------------------------------------------+
|topic|words                                             |
+-----+--------------------------------------------------+
|0    |[new, 1.4723785654465323E-4]                      |
|0    |[council, 1.242876719889358E-4]                   |
|0    |[thursday, 1.1710009304019913E-4]                 |
|0    |[grandstand thursday, 1.0958369194828903E-4]      |
|0    |[two, 8.119593156862581E-5]                       |
|0    |[charge, 7.321024120305904E-5]                    |
|0    |[find, 6.98723717903146E-5]                       |
|0    |[burley griffin, 6.474176573486395E-5]            |
|0    |[claim, 6.448801852215021E-5]                     |
|0    |[burley, 6.390953777977556E-5]                    |
|1    |[say, 1.9595383103126804E-4]                      |
|1    |[new, 1.7986957579978078E-4]                      |
|1    |[murder, 1.7156446166835784E-4]                   |
|1    |[las, 1.6793241095301546E-4]                      |
|1    |[vegas, 1.6622904053495525E-4]                    |
|1    |[las vegas, 1.627321199362179E-4]                 |
|1    |[2016, 1.4906599207615762E-4]                     |
|1    |[man, 1.3653760511354596E-4]                      |
|1    |[call, 1.3277357539424398E-4]                     |
|1    |[trump, 1.250570735309821E-4]                     |
|2    |[ntch, 5.213678388314454E-4]                      |
|2    |[ntch podcast, 4.6907569870744537E-4]             |
|2    |[podcast, 4.625754070258578E-4]                   |
```

```
|2      |[interview, 1.2297477650126824E-4]            |
|2      |[trent, 9.319817855283612E-5]                 |
|2      |[interview trent, 8.967384560094343E-5]       |
|2      |[trent robinson, 7.256857525120274E-5]        |
|2      |[robinson, 6.888930961680287E-5]              |
|2      |[interview trent robinson, 6.821800839623336E-5]|
|2      |[miss, 6.267572268770148E-5]                  |
|3      |[new, 8.244153432249302E-5]                   |
|3      |[health, 5.269269109549137E-5]                |
|3      |[change, 5.1481361386635024E-5]               |
|3      |[first, 3.474601129571304E-5]                 |
|3      |[south, 3.335342687995096E-5]                 |
|3      |[rise, 3.3245575277669534E-5]                 |
|3      |[country, 3.26422466284622E-5]                |
|3      |[abuse, 3.25594250748893E-5]                  |
|3      |[start, 3.139959761950907E-5]                 |
|3      |[minister, 3.1327427652213426E-5]             |
|4      |[police, 1.756612187665565E-4]                |
|4      |[man, 1.2903801461819285E-4]                  |
|4      |[petero, 8.259870531430337E-5]                |
|4      |[kill, 8.251557569137285E-5]                  |
|4      |[accuse grant, 8.187325944352362E-5]          |
|4      |[accuse grant bail, 7.609807356711693E-5]     |
|4      |[find, 7.219731162848223E-5]                  |
|4      |[attack, 6.804063612991027E-5]                |
|4      |[day, 6.772554893634948E-5]                   |
|4      |[jail, 6.470525327671485E-5]                  |
+-----+--------------------------------------------------+
only showing top 50 rows
```

```
// Finally, we split the word and the weight into separate fields.

val topics4 = topics3
            .select(col("topic"), col("words")
            .getField("_1").as("word"), col("words")
            .getField("_2").as("weight"))

topics4.show(50, false)
```

```
+-----+----------------------+--------------------+
|topic|word                  |weight              |
+-----+----------------------+--------------------+
|0    |new                   |1.4723785654465323E-4|
|0    |council               |1.242876719889358E-4 |
|0    |thursday              |1.1710009304019913E-4|
|0    |grandstand thursday   |1.0958369194828903E-4|
|0    |two                   |8.119593156862581E-5 |
```

|0	|charge	|7.321024120305904E-5
|0	|find	|6.98723717903146E-5
|0	|burley griffin	|6.474176573486395E-5
|0	|claim	|6.448801852215021E-5
|0	|burley	|6.390953777977556E-5
|1	|say	|1.9595383103126804E-4
|1	|new	|1.7986957579978078E-4
|1	|murder	|1.7156446166835784E-4
|1	|las	|1.6793241095301546E-4
|1	|vegas	|1.6622904053495525E-4
|1	|las vegas	|1.627321199362179E-4
|1	|2016	|1.4906599207615762E-4
|1	|man	|1.3653760511354596E-4
|1	|call	|1.3277357539424398E-4
|1	|trump	|1.250570735309821E-4
|2	|ntch	|5.213678388314454E-4
|2	|ntch podcast	|4.6907569870744537E-4
|2	|podcast	|4.625754070258578E-4
|2	|interview	|1.2297477650126824E-4
|2	|trent	|9.319817855283612E-5
|2	|interview trent	|8.967384560094343E-5
|2	|trent robinson	|7.256857525120274E-5
|2	|robinson	|6.888930961680287E-5
|2	|interview trent robinson| |6.821800839623336E-5
|2	|miss	|6.267572268770148E-5
|3	|new	|8.244153432249302E-5
|3	|health	|5.269269109549137E-5
|3	|change	|5.1481361386635024E-5
|3	|first	|3.474601129571304E-5
|3	|south	|3.335342687995096E-5
|3	|rise	|3.3245575277669534E-5
|3	|country	|3.26422466284622E-5
|3	|abuse	|3.25594250748893E-5
|3	|start	|3.139959761950907E-5
|3	|minister	|3.1327427652213426E-5
|4	|police	|1.756612187665565E-4
|4	|man	|1.2903801461819285E-4
|4	|petero	|8.259870531430337E-5
|4	|kill	|8.251557569137285E-5
|4	|accuse grant	|8.187325944352362E-5
|4	|accuse grant bail	|7.609807356711693E-5
|4	|find	|7.219731162848223E-5
|4	|attack	|6.804063612991027E-5
|4	|day	|6.772554893634948E-5
|4	|jail	|6.470525327671485E-5

```
  +-----+--------------------------+--------------------+
only showing top 50 rows
```

为了简洁起见，只显示了前 50 行（包含 30 个主题中的 4 个主题）。如果仔细检查每个主题中的单词，就会看到可以用来进行主题分类的重复主题。

4.3　使用孤立森林进行异常检测

异常或异常值检测可以识别出与大多数数据集显著偏离或突出的罕见观察对象。异常检测经常被用于发现欺诈性金融交易、识别网络安全威胁或执行预测性维护等场景中。异常检测一直是机器学习领域的一个研究热点，这些年来，人们发明了几种异常检测技术，并取得了不同程度的效果。在本章中，我将介绍一种最有效的异常检测技术，称为孤立森林。孤立森林是一种基于树的异常检测集成算法，由刘飞、陈开明、周志华等人提出 [10]。

与大多数异常检测技术不同，孤立森林试图显式地检测实际的异常值，而不是识别正常的数据点。孤立森林的运行基于这样一个事实：数据集中通常有少量的异常值，因此很容易发生孤立过程 [11]。从正常数据点隔离异常值是有效的，因为它需要较少的条件。相比之下，分离正常的数据点通常涉及更多的条件。如图 4-4b 所示，异常数据点仅用 1 次划分进行隔离，正常数据点却需要用 5 次划分进行隔离。当数据以树结构表示时，异常更可能在比正常数据点更浅的深度上更接近根节点。如图 4-4a 所示，异常值（8,12）的树深为 1，而正常数据点（9,15）的树深为 5。

孤立森林不需要特征缩放，因为用于检测异常值的距离阈值是基于树的深度的。它对大大小小的数据集都很有效，而且不需要训练数据集，因为它是一种无监督学习技术 [13]。

与其他基于树的集成类似，孤立森林构建在称为孤立树的决策树集合上，每棵树都拥有整个数据集的一个子集。异常分数是森林中树的平均异常分数。异常分数来自分割一个数据点所需的条件数量。接近 1 的异常分数表示异常，小于 0.5 的异常分数表示非异常观察对象（如图 4-5）。

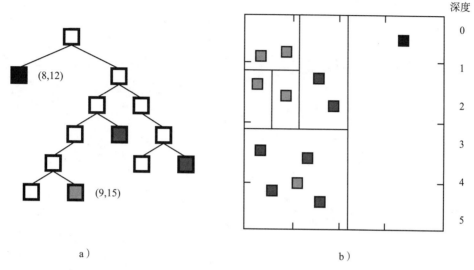

图 4-4　孤立森林隔离异常和正常数据点 [12] 所需的划分次数

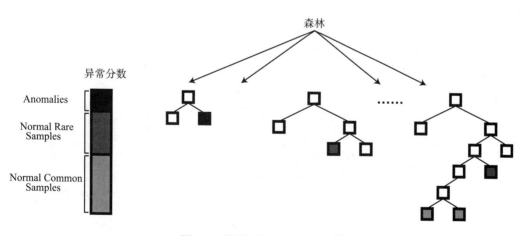

图 4-5　检测孤立森林的异常 [14]

孤立林在精度和性能上都优于其他异常检测方法。图 4-6 和图 4-7 显示了孤立森林与另一种著名的异常值检测算法——单类支持向量机的性能比较 [15]。第一个测试根据属于单一组的正常观察对象对两种算法进行评估（如图 4-6），第二个测试根据属于两个不均匀聚类的观察对象对两种算法进行评估（如图 4-7）。在这两种情况下，孤立森林都比单类支持向量机表现得更好。

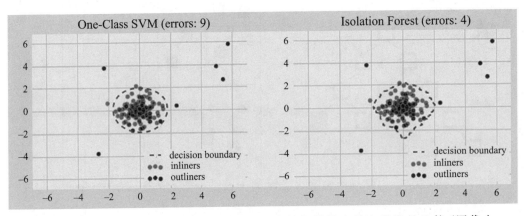

图 4-6   属于单一组的正常观察对象对孤立森林与单类支持向量机的比较（图像由 Alejandro Correa Bahnsen 提供）

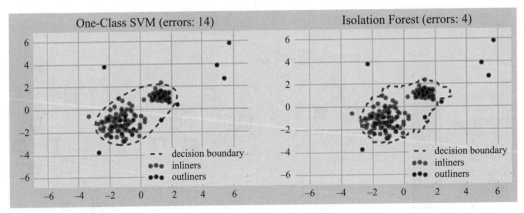

图 4-7   属于两个不均匀聚类的观察对象对孤立森林与单类支持向量机的比较（图像由 Alejandro Correa Bahnsen 提供）

Spark-iForest 是由 Fangzhou Yang 在 Jie Fang 和其他贡献者的帮助下开发的 Spark 中孤立森林算法的实现。它是一个外部的第三方包，并且不包含在标准的

Apache Spark MLlib 库中。你可以通过访问 Spark-iForest 的 GitHub 页面（https:// github.com/titicaca/spark-iforest）找到更多关于 Spark-iForest 的信息以及最新的 JAR 文件[16]。

4.3.1 参数

以下是 Spark-iForest 支持的参数列表。如你所见，一些参数与其他基于树的集成（比如随机森林）的参数类似。

- ❑ maxFeatures：从数据中提取用于训练每棵树的特征的数量（＞0）。如果 maxFeatures ≤ 1，该算法将绘制 maxFeatures × totalFeatures 个特征。如果 maxFeatures ＞ 1，则算法将绘制 maxFeatures 个特征。
- ❑ maxDepth：用于构造树的高度限制（＞0）。默认值是 log2（numSamples）。
- ❑ numTrees：孤立森林模型中的树的数量（＞0）。
- ❑ maxSamples：从数据中抽取用于训练每棵树的样本数（＞0）。如果 maxSamples ≤ 1，该算法将绘制 maxSamples × totalSample 个样本。如果 maxSamples ＞ 1，则该算法将绘制 maxSamples 个样本。总内存占用量大约为 maxSamples × numTrees × 4 + maxSamples 字节。
- ❑ contamination：数据集中异常值的比例，该值的取值范围为（0,1），仅在预测阶段使用，将异常分数转换为预测标签。为了提高性能，我们采用近似分位数的方法来计算异常分数。你可以将参数 approxQuantileRelativeError 设置为大于 0，以便为大型数据集计算异常分数的近似分位数阈值。
- ❑ approxQuantileRelativeError：近似分位数计算的相对误差（0 ≤ value ≤ 1）。其默认值是 0，用于计算精确值，但这对于大型数据集来说是非常昂贵的。
- ❑ bootstrap：如果为 true，则在替换后的训练数据抽样的随机子集上拟合单棵树。如果为 false，则执行不替换的抽样。
- ❑ seed：随机数生成器使用的种子。
- ❑ featuresCol：特征的列名，默认为"features"
- ❑ anomalyScoreCol：异常分数的列名，默认为"anomaly Score"。

❑ predictionCol：预测的列名，默认为"prediction"[17]。

4.3.2 示例

我们将使用 Spark-iForest 来预测乳腺癌的发生（参见清单 4-10），使用的是加州大学欧文分校机器学习存储库提供的威斯康星乳腺癌数据集（参见表 4-2）[18]。

表 4-2 威斯康星乳腺癌数据集

索引	特征	范围
1	样本代码号	识别号码
2	肿块厚度	1～10
3	细胞大小的均匀性	1～10
4	细胞形状的均匀性	1～10
5	边缘附着力	1～10
6	单个上皮细胞大小	1～10
7	裸核	1～10
8	Bland 染色体	1～10
9	正常核	1～10
10	有丝分裂	1～10
11	类别	（2 为良性，4 为恶性）

清单 4-10 使用孤立森林进行异常检测

```
spark-shell --jars spark-iforest-1.0-SNAPSHOT.jar

import org.apache.spark.sql.types._

var dataSchema = StructType(Array(
StructField("id", IntegerType, true),
StructField("clump_thickness", IntegerType, true),
StructField("ucell_size", IntegerType, true),
StructField("ucell_shape", IntegerType, true),
StructField("marginal_ad", IntegerType, true),
StructField("se_cellsize", IntegerType, true),
StructField("bare_nuclei", IntegerType, true),
StructField("bland_chromatin", IntegerType, true),
StructField("normal_nucleoli", IntegerType, true),
StructField("mitosis", IntegerType, true),
StructField("class", IntegerType, true)
    ))
```

```
val dataDF = spark.read.option("inferSchema", "true")
            .schema(dataSchema)
            .csv("/files/breast-cancer-wisconsin.csv")

dataDF.printSchema

//The dataset contain 16 rows with missing attribute values.
//We'll remove them for this exercise.

val dataDF2 = dataDF.filter("bare_nuclei is not null")

val seed = 1234

val Array(trainingData, testData) = dataDF2.randomSplit(Array(0.8, 0.2),
seed)

import org.apache.spark.ml.feature.StringIndexer

val labelIndexer = new StringIndexer().setInputCol("class").
setOutputCol("label")

import org.apache.spark.ml.feature.VectorAssembler

val assembler = new VectorAssembler()
               .setInputCols(Array("clump_thickness",
               "ucell_size", "ucell_shape", "marginal_ad", "se_cellsize",
"bare_nuclei", "bland_chromatin", "normal_nucleoli", "mitosis"))
               .setOutputCol("features")

import org.apache.spark.ml.iforest._

val iForest = new IForest()
            .setMaxSamples(150)
            .setContamination(0.30)
            .setBootstrap(false)
            .setSeed(seed)
            .setNumTrees(100)
            .setMaxDepth(50)

val pipeline = new Pipeline()
     .setStages(Array(labelIndexer, assembler, iForest))

val model = pipeline.fit(trainingData)

val predictions = model.transform(testData)

predictions.select("id","features","anomalyScore","prediction").show()

+------+------------------+-------------------+----------+
|    id|          features|       anomalyScore|prediction|
+------+------------------+-------------------+----------+
| 63375|[9.0,1.0,2.0,6.0,...| 0.6425205920636737|       1.0|
| 76389|[10.0,4.0,7.0,2.0...| 0.6475157383643779|       1.0|
```

```
| 95719|[6.0,10.0,10.0,10...| 0.6413247885878359|        1.0|
|242970|[5.0,7.0,7.0,1.0,...| 0.6156526231532693|        1.0|
|353098|[4.0,1.0,1.0,2.0,...|0.45686731187686386|        0.0|
|369565|[4.0,1.0,1.0,1.0,...|0.45957810648090186|        0.0|
|390840|[8.0,4.0,7.0,1.0,...| 0.6387497388682214|        1.0|
|412300|[10.0,4.0,5.0,4.0...| 0.6104797020175959|        1.0|
|466906|[1.0,1.0,1.0,1.0,...|0.41857428772927696|        0.0|
|476903|[10.0,5.0,7.0,3.0...| 0.6152957125696049|        1.0|
|486283|[3.0,1.0,1.0,1.0,...|0.47218763124223706|        0.0|
|557583|[5.0,10.0,10.0,10...| 0.6822227844447365|        1.0|
|636437|[1.0,1.0,1.0,1.0,...|0.41857428772927696|        0.0|
|654244|[1.0,1.0,1.0,1.0,...| 0.4163657637214968|        0.0|
|657753|[3.0,1.0,1.0,4.0,...|0.49314746153500594|        0.0|
|666090|[1.0,1.0,1.0,1.0,...|0.45842258207090547|        0.0|
|688033|[1.0,1.0,1.0,1.0,...|0.41857428772927696|        0.0|
|690557|[5.0,1.0,1.0,1.0,...| 0.4819098604217553|        0.0|
|704097|[1.0,1.0,1.0,1.0,...| 0.4163657637214968|        0.0|
|770066|[5.0,2.0,2.0,2.0,...| 0.5125093127301371|        0.0|
+------+--------------------+-------------------+----------+
only showing top 20 rows
```

我们不能使用 BinaryClassificationEvaluator 来评估孤立森林模型，因为它期望原始的 Predictions 字段出现在输出中。Spark-iForest 生成一个 anomalyScore 字段而不是 rawPrediction 字段。我们将使用 BinaryClassificationMetrics 来代替评估模型。

```
import org.apache.spark.mllib.evaluation.BinaryClassificationMetrics

val binaryMetrics = new BinaryClassificationMetrics(
predictions.select("prediction", "label").rdd.map {
case Row(prediction: Double, label: Double) => (prediction, label)
}
)

println(s"AUC: ${binaryMetrics.areaUnderROC()}")

AUC: 0.9532866199532866
```

4.4 使用主成分分析进行降维

主成分分析（PCA）是一种无监督机器学习技术，用于降低特征空间的维数。它检测特征之间的相关性，并生成数量较少的线性不相关特征，同时保留原始数据集中的大部分方差。这些更紧凑、线性不相关的特征被称为主成分。主成分按解释方差的降序排列。当数据集中有大量特征时，降维是必要的。例如，基因组学和工业分析领域的机器学习用例通常涉及数千甚至数百万个特征。高维使模型更加复杂，增加了过拟合的可能性。在某一点上增加更多的特征实际上会降低模型的性能。此外，高维数据的训练需要大量的计算资源。这些被统称为维度灾难。降维技术旨在克服维度灾难。

注意，PCA 生成的主成分是无法解释的。当你需要了解为什么会做出这样的预测时，会发现这并不是一个好的决定。此外，在应用 PCA 之前对数据集进行标准化是非常重要的，这样可以防止出现一些特征在最大范围内被认为比其他特征更重要的情况。

示例

在下面的示例中，我们将在 Iris 数据集上使用 PCA 将四维特征向量投影到二维主成分中（参见清单 4-11）。

清单 4-11　使用 PCA 进行降维

```
import org.apache.spark.ml.feature.{PCA, VectorAssembler}
import org.apache.spark.ml.feature.StringIndexer
import org.apache.spark.sql.types._

val irisSchema = StructType(Array (
StructField("sepal_length",  DoubleType, true),
StructField("sepal_width",   DoubleType, true),
StructField("petal_length",  DoubleType, true),
StructField("petal_width",   DoubleType, true),
StructField("class",  StringType, true)
))

val dataDF = spark.read.format("csv")
            .option("header", "false")
            .schema(irisSchema)
            .load("/files/iris.data")

dataDF.printSchema
```

```
root
 |-- sepal_length: double (nullable = true)
 |-- sepal_width: double (nullable = true)
 |-- petal_length: double (nullable = true)
 |-- petal_width: double (nullable = true)
 |-- class: string (nullable = true)
```

dataDF.show

```
+------------+-----------+------------+-----------+-----------+
|sepal_length|sepal_width|petal_length|petal_width|      class|
+------------+-----------+------------+-----------+-----------+
|         5.1|        3.5|         1.4|        0.2|Iris-setosa|
|         4.9|        3.0|         1.4|        0.2|Iris-setosa|
|         4.7|        3.2|         1.3|        0.2|Iris-setosa|
|         4.6|        3.1|         1.5|        0.2|Iris-setosa|
|         5.0|        3.6|         1.4|        0.2|Iris-setosa|
|         5.4|        3.9|         1.7|        0.4|Iris-setosa|
|         4.6|        3.4|         1.4|        0.3|Iris-setosa|
|         5.0|        3.4|         1.5|        0.2|Iris-setosa|
|         4.4|        2.9|         1.4|        0.2|Iris-setosa|
|         4.9|        3.1|         1.5|        0.1|Iris-setosa|
|         5.4|        3.7|         1.5|        0.2|Iris-setosa|
|         4.8|        3.4|         1.6|        0.2|Iris-setosa|
|         4.8|        3.0|         1.4|        0.1|Iris-setosa|
|         4.3|        3.0|         1.1|        0.1|Iris-setosa|
|         5.8|        4.0|         1.2|        0.2|Iris-setosa|
|         5.7|        4.4|         1.5|        0.4|Iris-setosa|
|         5.4|        3.9|         1.3|        0.4|Iris-setosa|
|         5.1|        3.5|         1.4|        0.3|Iris-setosa|
|         5.7|        3.8|         1.7|        0.3|Iris-setosa|
|         5.1|        3.8|         1.5|        0.3|Iris-setosa|
+------------+-----------+------------+-----------+-----------+
only showing top 20 rows
```

dataDF.describe().show(5,15)

```
+-------+---------------+---------------+---------------+---------------+
|summary|   sepal_length|    sepal_width|   petal_length|    petal_width|
+-------+---------------+---------------+---------------+---------------+
|  count|            150|            150|            150|            150|
|   mean|5.8433333333...|3.0540000000...|3.7586666666...|1.1986666666...|
| stddev|0.8280661279...|0.4335943113...|1.7644204199...|0.7631607417...|
|    min|            4.3|            2.0|            1.0|            0.1|
|    max|            7.9|            4.4|            6.9|            2.5|
+-------+---------------+---------------+---------------+---------------+
```

```
+--------------+
|         class|
+--------------+
|           150|
|          null|
|          null|
|   Iris-setosa|
|Iris-virginica|
+--------------+
```

```
val labelIndexer = new StringIndexer()
                  .setInputCol("class")
                  .setOutputCol("label")
```

```
val dataDF2 = labelIndexer.fit(dataDF).transform(dataDF)
```

dataDF2.printSchema

```
root
 |-- sepal_length: double (nullable = true)
 |-- sepal_width: double (nullable = true)
 |-- petal_length: double (nullable = true)
 |-- petal_width: double (nullable = true)
 |-- class: string (nullable = true)
 |-- label: double (nullable = false)
```

dataDF2.show

sepal_length	sepal_width	petal_length	petal_width	class	label
5.1	3.5	1.4	0.2	Iris-setosa	0.0
4.9	3.0	1.4	0.2	Iris-setosa	0.0
4.7	3.2	1.3	0.2	Iris-setosa	0.0
4.6	3.1	1.5	0.2	Iris-setosa	0.0
5.0	3.6	1.4	0.2	Iris-setosa	0.0
5.4	3.9	1.7	0.4	Iris-setosa	0.0
4.6	3.4	1.4	0.3	Iris-setosa	0.0
5.0	3.4	1.5	0.2	Iris-setosa	0.0
4.4	2.9	1.4	0.2	Iris-setosa	0.0
4.9	3.1	1.5	0.1	Iris-setosa	0.0
5.4	3.7	1.5	0.2	Iris-setosa	0.0
4.8	3.4	1.6	0.2	Iris-setosa	0.0
4.8	3.0	1.4	0.1	Iris-setosa	0.0
4.3	3.0	1.1	0.1	Iris-setosa	0.0
5.8	4.0	1.2	0.2	Iris-setosa	0.0
5.7	4.4	1.5	0.4	Iris-setosa	0.0
5.4	3.9	1.3	0.4	Iris-setosa	0.0

```
|           5.1|       3.5|           1.4|           0.3|Iris-setosa| 0.0|
|           5.7|       3.8|           1.7|           0.3|Iris-setosa| 0.0|
|           5.1|       3.8|           1.5|           0.3|Iris-setosa| 0.0|
+------------+----------+------------+-----------+-----------+-----+
only showing top 20 rows

import org.apache.spark.ml.feature.VectorAssembler

val features = Array("sepal_length","sepal_width","petal_length",
"petal_width")

val assembler = new VectorAssembler()
                .setInputCols(features)
                .setOutputCol("features")

val dataDF3 = assembler.transform(dataDF2)

dataDF3.printSchema

root
 |-- sepal_length: double (nullable = true)
 |-- sepal_width: double (nullable = true)
 |-- petal_length: double (nullable = true)
 |-- petal_width: double (nullable = true)
 |-- class: string (nullable = true)
 |-- label: double (nullable = false)
 |-- features: vector (nullable = true)

dataDF3.show

+------------+----------+------------+-----------+-----------+-----+
|sepal_length|sepal_width|petal_length|petal_width|      class|label|
+------------+----------+------------+-----------+-----------+-----+
|           5.1|       3.5|           1.4|           0.2|Iris-setosa| 0.0|
|           4.9|       3.0|           1.4|           0.2|Iris-setosa| 0.0|
|           4.7|       3.2|           1.3|           0.2|Iris-setosa| 0.0|
|           4.6|       3.1|           1.5|           0.2|Iris-setosa| 0.0|
|           5.0|       3.6|           1.4|           0.2|Iris-setosa| 0.0|
|           5.4|       3.9|           1.7|           0.4|Iris-setosa| 0.0|
|           4.6|       3.4|           1.4|           0.3|Iris-setosa| 0.0|
|           5.0|       3.4|           1.5|           0.2|Iris-setosa| 0.0|
|           4.4|       2.9|           1.4|           0.2|Iris-setosa| 0.0|
|           4.9|       3.1|           1.5|           0.1|Iris-setosa| 0.0|
|           5.4|       3.7|           1.5|           0.2|Iris-setosa| 0.0|
|           4.8|       3.4|           1.6|           0.2|Iris-setosa| 0.0|
|           4.8|       3.0|           1.4|           0.1|Iris-setosa| 0.0|
|           4.3|       3.0|           1.1|           0.1|Iris-setosa| 0.0|
|           5.8|       4.0|           1.2|           0.2|Iris-setosa| 0.0|
|           5.7|       4.4|           1.5|           0.4|Iris-setosa| 0.0|
```

```
|           5.4|        3.9|          1.3|        0.4|Iris-setosa|   0.0|
|           5.1|        3.5|          1.4|        0.3|Iris-setosa|   0.0|
|           5.7|        3.8|          1.7|        0.3|Iris-setosa|   0.0|
|           5.1|        3.8|          1.5|        0.3|Iris-setosa|   0.0|
+-----------+----------+------------+----------+----------+-----+

+-----------------+
|         features|
+-----------------+
|[5.1,3.5,1.4,0.2]|
|[4.9,3.0,1.4,0.2]|
|[4.7,3.2,1.3,0.2]|
|[4.6,3.1,1.5,0.2]|
|[5.0,3.6,1.4,0.2]|
|[5.4,3.9,1.7,0.4]|
|[4.6,3.4,1.4,0.3]|
|[5.0,3.4,1.5,0.2]|
|[4.4,2.9,1.4,0.2]|
|[4.9,3.1,1.5,0.1]|
|[5.4,3.7,1.5,0.2]|
|[4.8,3.4,1.6,0.2]|
|[4.8,3.0,1.4,0.1]|
|[4.3,3.0,1.1,0.1]|
|[5.8,4.0,1.2,0.2]|
|[5.7,4.4,1.5,0.4]|
|[5.4,3.9,1.3,0.4]|
|[5.1,3.5,1.4,0.3]|
|[5.7,3.8,1.7,0.3]|
|[5.1,3.8,1.5,0.3]|
+-----------------+

// We will standardize the four attributes (sepal_length, sepal_width,
// petal_length, and petal_width) using StandardScaler even though they all
// have the same scale and measure the same quantity. As discussed earlier,
// standardization is considered the best practice and is a requirement for
// many algorithms such as PCA to execute optimally.

import org.apache.spark.ml.feature.StandardScaler

val scaler = new StandardScaler()
            .setInputCol("features")
            .setOutputCol("scaledFeatures")
            .setWithStd(true)
            .setWithMean(false)

val dataDF4 = scaler.fit(dataDF3).transform(dataDF3)

dataDF4.printSchema
```

```
root
 |-- sepal_length: double (nullable = true)
 |-- sepal_width: double (nullable = true)
 |-- petal_length: double (nullable = true)
 |-- petal_width: double (nullable = true)
 |-- class: string (nullable = true)
 |-- label: double (nullable = false)
 |-- features: vector (nullable = true)
 |-- scaledFeatures: vector (nullable = true)

// Generate two principal components.

val pca = new PCA()
          .setInputCol("scaledFeatures")
          .setOutputCol("pcaFeatures")
          .setK(2)
          .fit(dataDF4)

val dataDF5 = pca.transform(dataDF4)

dataDF5.printSchema

root
 |-- sepal_length: double (nullable = true)
 |-- sepal_width: double (nullable = true)
 |-- petal_length: double (nullable = true)
 |-- petal_width: double (nullable = true)
 |-- class: string (nullable = true)
 |-- label: double (nullable = false)
 |-- features: vector (nullable = true)
 |-- scaledFeatures: vector (nullable = true)
 |-- pcaFeatures: vector (nullable = true)

dataDF5.select("scaledFeatures","pcaFeatures").show(false)

+-----------------------------------------------------------------------+
|scaledFeatures                                                         |
+-----------------------------------------------------------------------+
|[6.158928408838787,8.072061621390857,0.7934616853039358,0.26206798787142]|
|[5.9174018045706,6.9189099611921625,0.7934616853039358,0.26206798787142] |
|[5.675875200302412,7.38017062527164,0.7367858506393691,0.26206798787142] |
|[5.555111898168318,7.149540293231902,0.8501375199685027,0.26206798787142]|
|[6.038165106704694,8.302691953430596,0.7934616853039358,0.26206798787142]|
|[6.52121831524107,8.99458294954981,0.9634891892976364,0.52413597574284]  |
|[5.555111898168318,7.841431289351117,0.7934616853039358,0.39310198180713]|
|[6.038165106704694,7.841431289351117,0.8501375199685027,0.26206798787142]|
|[5.313585293900131,6.688279629152423,0.7934616853039358,0.26206798787142]|
|[5.9174018045706,7.149540293231902,0.8501375199685027,0.13103399393571]  |
```

```
|[6.52121831524107,8.533322285470334,0.8501375199685027,0.26206798787142]  |
|[5.7966385024365055,7.841431289351117,0.9068133546330697,0.262067987871]  |
|[5.7966385024365055,6.9189099611921625,0.7934616853039358,0.131033993935]|
|[5.192821991766037,6.9189099611921625,0.6234341813102354,0.1310339939351]|
|[7.004271523777445,9.22521328158955,0.6801100159748021,0.26206798787142]  |
|[6.883508221643351,10.147734609748506,0.8501375199685027,0.524135975742]  |
|[6.52121831524107,8.99458294954981,0.7367858506393691,0.52413597574284]   |
|[6.158928408838787,8.072061621390857,0.7934616853039358,0.39310198180713]|
|[6.883508221643351,8.763952617510071,0.9634891892976364,0.39310198180713]|
|[6.158928408838787,8.763952617510071,0.8501375199685027,0.39310198180713]|
+---------------------------------------------------------------------+

+-------------------------------------------+
|pcaFeatures                                |
+-------------------------------------------+
|[-1.7008636408214346,-9.798112476165109]  |
|[-1.8783851549940478,-8.640880678324866]  |
|[-1.597800192305247,-8.976683127367169]   |
|[-1.6613406138855684,-8.720650458966217]  |
|[-1.5770426874367196,-9.96661148272853]   |
|[-1.8942207975522354,-10.80757533867312]  |
|[-1.5202989381570455,-9.368410789070643]  |
|[-1.7314610064823877,-9.540884243679617]  |
|[-1.6237061774493644,-8.202607301741613]  |
|[-1.7764763044699745,-8.846965954487347]  |
|[-1.8015813990792064,-10.361118028393015]|
|[-1.6382374187586244,-9.452155017757546]  |
|[-1.741187558292187,-8.587346593832775]   |
|[-1.3269417814262463,-8.358947926562632]  |
|[-1.7728726239179156,-11.177765120852797]|
|[-1.7138964933624494,-12.00737840334759]  |
|[-1.7624485738747564,-10.80279308233496]  |
|[-1.7624485738747564,-10.80279308233496]  |
|[-1.7624485738747564,-10.80279308233496]  |
|[-1.6257080769316516,-10.44826393443861]  |
+-------------------------------------------+
```

　　如前所述，Iris 数据集中有三种花（山鸢尾、变色鸢尾和维吉尼亚鸢尾）。鸢尾有四个属性（萼片长度、萼片宽度、花瓣长度和花瓣宽度）。让我们在两个主成分上绘制样本。从图 4-8 中可以看出，山鸢尾与其他两个类别分离得很好，而变色鸢尾和维吉尼亚鸢尾则略有重叠。

explainedVariance 方法返回一个向量，其中包含每个主成分所解释的方差的比例。我们的目标是在新的主成分中保留尽可能多的差异。

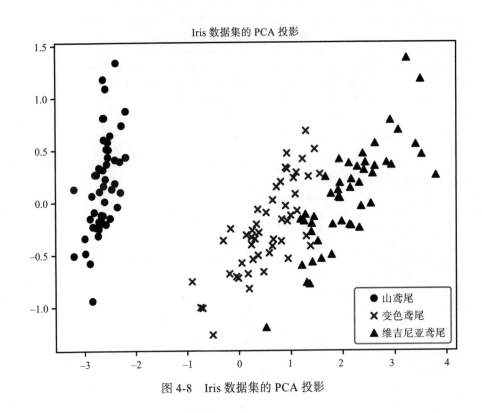

图 4-8   Iris 数据集的 PCA 投影

```
pca.explainedVariance
res5: org.apache.spark.ml.linalg.DenseVector = [0.7277045209380264,0.230305
23267679512]
```

基于方法的输出，第一个主成分解释了 72.77% 的方差，而第二个主成分解释了 23.03% 的方差。累积起来，两个主成分解释了 95.8% 的方差。如你所见，当降低维度时，我们丢失了一些信息。如果在有实质性的训练性能改进的同时能够保持良好的模型准确率，这通常是一个可接受的折中方法。

4.5 总结

我们讨论了几种无监督学习技术，并学习了如何将它们应用到真实的业务用例中。近年来，随着大数据的出现，无监督学习再次流行起来。聚类、异常检测和主成分分析等技术有助于理解移动和物联网设备、传感器、社交媒体等产生的大量非结构化数据。在你的机器学习库中，它是一个强大的工具。

4.6 参考资料

[1] Kurt Vonnegut; "18. The Most Valuable Commodity on Earth," 1998, Cat's Cradle: A Novel

[2] Chris Piech, Andrew Ng, Michael Jordan; "K Means," stanford.edu, 2013, https://stanford.edu/~cpiech/cs221/handouts/kmeans.html

[3] Jason Brownlee; "Why One-Hot Encode Data in Machine Learning?", machinelearningmastery.com, 2017, https://machinelearningmastery.com/why-one-hot-encode-data-in-machine-learning/

[4] David Talby; "Introducing the Natural Language Processing Library for Apache Spark," Databricks, 2017, https://databricks.com/blog/2017/10/19/introducing-natural-language-processing-library-apache-spark.html

[5] Christopher D. Manning et al.; "The Stanford CoreNLP Natural Language Processing Toolkit," Stanford University, https://nlp.stanford.edu/pubs/StanfordCoreNlp2014.pdf

[6] John Snow Labs; "Quick Start," John Snow Labs, 2019, https://nlp.johnsnowlabs.com/docs/en/quickstart

[7] Shivam Bansal; "Ultimate Guide to Understand & Implement Natural Language Processing," Analytics Vidhya, 2017, www.

analyticsvidhya.com/blog/2017/01/ultimate-guide-to-
understand-implement-natural-language-processing-codes-
in-python/

[8]   Sebastian Raschka; "Naïve Bayes and Text Classification –
        Introduction and Theory," sebastiantraschka.com, 2014, `https://`
        `sebastianraschka.com/Articles/2014_naive_bayes_1.html`

[9]   Zygmunt Zawadzki; "Get topics words from the LDA model," zstat.
        pl, 2018, `www.zstat.pl/2018/02/07/scala-spark-get-topics-`
        `words-from-lda-model/`

[10]   Fei Tony Liu, Kai Ming Ting, Zhia-Hua Zhou; "Isolation Forest,"
        acm.org, 2008, `https://dl.acm.org/citation.cfm?id=1511387`

[11]   Alejandro Correa Bahnsen; "Benefits of Anomaly Detection Using
        Isolation Forests," easysol.net, 2016, `https://blog.easysol.net/`
        `using-isolation-forests-anamoly-detection/`

[12]   Li Sun, et. al.; "Detecting Anomalous User Behavior Using an
        Extended Isolation Forest Algorithm: An Enterprise Case Study,"
        arxiv.org, 2016, `https://arxiv.org/pdf/1609.06676.pdf`

[13]   Li Sun, et. al.; "Detecting Anomalous User Behavior Using an
        Extended Isolation Forest Algorithm: An Enterprise Case Study,"
        arxiv.org, 2016, `https://arxiv.org/pdf/1609.06676.pdf`

[14]   Zhi-Min Zhang; "Representative subset selection and outlier
        detection via Isolation Forest," github.com, 2016, `https://`
        `github.com/zmzhang/IOS`

[15]   Alejandro Correa Bahnsen; "Benefits of Anomaly Detection Using
        Isolation Forests," easysol.net, 2016, `https://blog.easysol.net/`
        `using-isolation-forests-anamoly-detection/`

[16]   Fangzhou Yang and contributors; "spark-iforest," github.com,
        2018, `https://github.com/titicaca/spark-iforest`

[17] Fangzhou Yang and contributors; "spark-iforest," github.com, 2018, `https://github.com/titicaca/spark-iforest`

[18] Dr. William H. Wolberg, et al.; "Breast Cancer Wisconsin (Diagnostic) Data Set," archive.isc.uci.edu, 1995, `http://archive.ics.uci.edu/ml/datasets/breast+cancer+wisconsin+(diagnostic)`

CHAPTER 5

第 5 章

推　荐

人类这种物种并不清楚自身的需求，在做决定时往往会寻求他人的帮助。我们通常会想要得到别人想要的东西，因为我们在模仿别人的需求。

——René Girard[1]

提供个性化推荐是机器学习的一种常见的应用方式，几乎所有著名的零售商，如亚马逊、阿里巴巴、沃尔玛和塔吉特，都会基于顾客行为提供个性化推荐。流媒体服务提供商，如 Netfix，Hulu 和 Spotify，也会根据用户的口味和喜好提供电影和音乐推荐。

推荐在提高客户满意度和预订量方面至关重要，并能够最终提高销售额和利润。推荐的作用十分突出，44% 的亚马逊顾客会从他们看到的产品推荐中购买商品[2]。麦肯锡的一份研究报告发现，有 35% 的用户销量直接来自亚马逊的推荐。同样的一份研究报告还表明 75% 的 Netflix 播放量来自个性化推荐[3]。Netflix 的首席产品官在一次采访中指出，Netflix 的个性化电影和电视节目推荐每年能够为公司带来 10 亿美元的利润[4]。阿里巴巴的推荐引擎推动了其创纪录的销售额，使其成为世界上最大的电商公司和零售巨头，在 2013 年其销售额超过 2480 亿美元，比亚马逊和 eBay 的总和还要多[5]。

推荐并不仅仅限于零售业和流媒体服务。银行用推荐引擎作为定向营销工具，根据线上银行客户的统计资料，为其提供金融产品和服务，如住房或助学贷款。广告和市场代理商利用推荐引擎更有针对性地投放在线广告。

5.1 推荐引擎的种类

推荐引擎有多种类型[6]。在此我们讨论几种比较著名的：协同过滤，基于内容的过滤和关联规则。

5.1.1 使用交替最小二乘法的协同过滤

协同过滤通常用于在 Web 上提供个性化推荐。使用协同过滤的公司包括 Netflix、亚马逊、阿里巴巴、Spotify 和苹果等。协同过滤基于别人的（协同的）喜好和口味提供推荐（或过滤）。它基于这样一种观点：具有相同喜好的人在将来往往更容易有同样的兴趣爱好。例如，Laura 喜欢 *Titanic*、*Apollo* 13 和 *The Towering Inferno*，Tom 喜欢 *Apollo* 13 和 *The Towering Inferno*，如果 Anne 喜欢 *Apollo* 13，基于我们的统计，喜欢 *Apollo* 13 的人也会喜欢 *The Towering Inferno*，因此 *The Towering Inferno* 可以作为给 Anne 的潜在推荐。这种推荐同样适用于电影、歌曲、视频和书籍。

Spark MLib 中包含了一种著名的协同过滤算法，叫作交替最小二乘法（ALS）。ALS 将评分矩阵（如图 5-1）建模为用户因子和产品因子的乘积[8]（如图 5-2）。ALS 利用最小二乘计算来减小估计误差[9]，先固定用户因子，求解产品因子，然后再固定产品因子，求解用户因子，这样交替迭代，直到过程收敛。Spark MLib 实现了 ALS 的一个受限版本，通过将两组因子（"用户"和"产品"）分块来利用 Spark 的分布式处理功能，在一次迭代中仅向一个产品块发送一个用户向量的副本以减少通信，并且只针对需要该用户特征向量的产品块才发送[10]。

Spark MLib 的 ALS 实现对显式和隐式评分都支持。显式评分（默认）要求用户对产品进行打分（例如评分为 1 ~ 5 分），而隐式评分反映用户对某个商品的关注度（例如页面浏览或点击的次数，或者视频流传输的次数）。隐式评分在实际生活中更为常见，因为并非所有的公司都会为其产品收集显式评分，而隐式评分可以从公司数据（例如 Web 日志、浏览习惯或销售交易）中进行提取。Spark MLib 的 ALS 实现对项目和用户 ID 赋予整数，这意味着项目和用户 ID 必须在整数取值范围之内，并且最大值为 2 147 483 647。

	电影1	电影2	电影3
Laura		4	4
Anne	2	5	?
Tom		4	5

图 5-1　ALS 评分矩阵 [7]

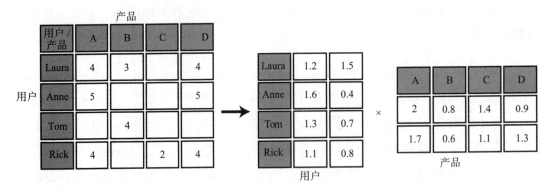

图 5-2　ALS 如何计算推荐

> **备注**　在 Yehuda Koren 和 Robert M. Bell 的论文 " Scalable Collaborative Filtering with Jointly Derived Neighborhood Interpolation Weights " 中对 ALS 进行了详细阐述 [11]。

5.1.2　参数

Spark MLib 的 ALS 实现支持如下参数 [12]：

❑ alpha：适用于 ALS 的隐式反馈版本，能够在喜好观察中设置基线置信度。

❑ numBlocks：用于并行处理，标识项目和用户被划分成块的数量。

❑ nonnegative：表示是否对最小二乘使用非负约束。

❑ implicitPrefs：表示使用显式反馈还是隐式反馈。

❑ k：表示模型中潜在因素的数量。

❑ regParam：正则化参数。

❑ maxIter：表示要执行的最大迭代次数。

5.1.3　示例

我们使用 MovieLens 数据集来建立一个电影推荐系统，数据集从 https://grouplens.org/datasets/movielens/ 下载获取，数据集中包含了许多文件，我们在这里只关注 rating.csv，如清单 5-1 中显示，此文件的行表示用户对电影的明确评分（打分为 1 ~ 5）。

清单 5-1　使用 ALS 进行电影推荐

```
val dataDF = spark.read.option("header", "true")
           .option("inferSchema", "true")
           .csv("ratings.csv")

dataDF.printSchema
root
 |-- userId: integer (nullable = true)
 |-- movieId: integer (nullable = true)
 |-- rating: double (nullable = true)
 |-- timestamp: integer (nullable = true)
```

```
dataDF.show
+------+-------+------+---------+
|userId|movieId|rating|timestamp|
+------+-------+------+---------+
|     1|      1|   4.0|964982703|
|     1|      3|   4.0|964981247|
|     1|      6|   4.0|964982224|
|     1|     47|   5.0|964983815|
|     1|     50|   5.0|964982931|
|     1|     70|   3.0|964982400|
|     1|    101|   5.0|964980868|
|     1|    110|   4.0|964982176|
|     1|    151|   5.0|964984041|
|     1|    157|   5.0|964984100|
|     1|    163|   5.0|964983650|
|     1|    216|   5.0|964981208|
|     1|    223|   3.0|964980985|
|     1|    231|   5.0|964981179|
|     1|    235|   4.0|964980908|
|     1|    260|   5.0|964981680|
|     1|    296|   3.0|964982967|
|     1|    316|   3.0|964982310|
|     1|    333|   5.0|964981179|
|     1|    349|   4.0|964982563|
+------+-------+------+---------+
only showing top 20 rows

val Array(trainingData, testData) = dataDF.randomSplit(Array(0.7, 0.3))

import org.apache.spark.ml.recommendation.ALS

val als = new ALS()
        .setMaxIter(15)
        .setRank(10)
        .setSeed(1234)
        .setRatingCol("rating")
        .setUserCol("userId")
        .setItemCol("movieId")

val model = als.fit(trainingData)

val predictions = model.transform(testData)

predictions.printSchema
root
 |-- userId: integer (nullable = true)
 |-- movieId: integer (nullable = true)
 |-- rating: double (nullable = true)
```

```
|-- timestamp: integer (nullable = true)
|-- prediction: float (nullable = false)
```

predictions.show

```
+------+-------+------+----------+----------+
|userId|movieId|rating| timestamp|prediction|
+------+-------+------+----------+----------+
|   133|    471|   4.0| 843491793| 2.5253267|
|   602|    471|   4.0| 840876085| 3.2802277|
|   182|    471|   4.5|1054779644| 3.6534667|
|   500|    471|   1.0|1005528017| 3.5033386|
|   387|    471|   3.0|1139047519| 2.6689813|
|   610|    471|   4.0|1479544381|  3.006948|
|   136|    471|   4.0| 832450058| 3.1404104|
|   312|    471|   4.0|1043175564|  3.109232|
|   287|    471|   4.5|1110231536| 2.9776838|
|    32|    471|   3.0| 856737165| 3.5183017|
|   469|    471|   5.0| 965425364| 2.8298397|
|   608|    471|   1.5|1117161794|  3.007364|
|   373|    471|   5.0| 846830388| 3.9275675|
|   191|    496|   5.0| 829760898|       NaN|
|    44|    833|   2.0| 869252237| 2.4776468|
|   609|    833|   3.0| 847221080| 1.9167987|
|   608|    833|   0.5|1117506344|  2.220617|
|   463|   1088|   3.5|1145460096| 3.0794377|
|    47|   1088|   4.0|1496205519| 2.4831696|
|   479|   1088|   4.0|1039362157| 3.5400867|
+------+-------+------+----------+----------+
```

import org.apache.spark.ml.evaluation.RegressionEvaluator

```
val evaluator = new RegressionEvaluator()
               .setPredictionCol("prediction")
               .setLabelCol("rating")
               .setMetricName("rmse")
```

val rmse = evaluator.evaluate(predictions)
rmse: Double = NaN

在预测的 DataFrame 中 NaN 取值并不合适,我们需要删除带有 NaN 值的行。稍后我们将讨论如何使用 coldStartStrategy 参数来处理此种问题。

val predictions2 = predictions.na.drop

predictions2.show

```
+------+-------+------+----------+----------+
|userId|movieId|rating| timestamp|prediction|
+------+-------+------+----------+----------+
|   133|    471|   4.0| 843491793| 2.5253267|
|   602|    471|   4.0| 840876085| 3.2802277|
|   182|    471|   4.5|1054779644| 3.6534667|
|   500|    471|   1.0|1005528017| 3.5033386|
|   387|    471|   3.0|1139047519| 2.6689813|
|   610|    471|   4.0|1479544381|  3.006948|
|   136|    471|   4.0| 832450058| 3.1404104|
|   312|    471|   4.0|1043175564|  3.109232|
|   287|    471|   4.5|1110231536| 2.9776838|
|    32|    471|   3.0| 856737165| 3.5183017|
|   469|    471|   5.0| 965425364| 2.8298397|
|   608|    471|   1.5|1117161794|  3.007364|
|   373|    471|   5.0| 846830388| 3.9275675|
|    44|    833|   2.0| 869252237| 2.4776468|
|   609|    833|   3.0| 847221080| 1.9167987|
|   608|    833|   0.5|1117506344|  2.220617|
|   463|   1088|   3.5|1145460096| 3.0794377|
|    47|   1088|   4.0|1496205519| 2.4831696|
|   479|   1088|   4.0|1039362157| 3.5400867|
|   554|   1088|   5.0| 944900489| 3.3577442|
+------+-------+------+----------+----------+
only showing top 20 rows

val evaluator = new RegressionEvaluator()
                .setPredictionCol("prediction")
                .setLabelCol("rating")
                .setMetricName("rmse")

val rmse = evaluator.evaluate(predictions2)
rmse: Double = 0.9006479893684061
```

备注 使用 ALS 训练模型时，有时会在测试数据集中遇到不存在的用户或产品。新的用户或产品可能并没有进行评分，也尚未对其进行训练，这种问题叫作冷启动问题。当数据在评估和训练数据集之间随机分配时，可能会遇到这种问题。当用户或产品不在模型中时，预测值被设置为 NaN。这就是为什么我们在前面评估模型时会遇到 NaN 的结果。为了解决这个问题，Spark 提供了 coldStartStrategy 参数，可以设置为在预测 DataFrame 中删除包含 NaN 的行 [13]。

我们来生成一些推荐，向所有用户推荐排名前三的电影。

```
model.recommendForAllUsers(3).show(false)
```

```
+------+------------------------------------------------------------+
|userId|recommendations                                             |
+------+------------------------------------------------------------+
|471   |[[7008, 4.8596725], [7767, 4.8047066], [26810, 4.7513227]]  |
|463   |[[33649, 5.0881286], [3347, 4.7693057], [68945, 4.691733]]  |
|496   |[[6380, 4.946864], [26171, 4.8910613], [7767, 4.868356]]    |
|148   |[[183897, 4.972257], [6732, 4.561547], [33649, 4.5440807]]  |
|540   |[[26133, 5.19643], [68945, 5.1259947], [3379, 5.1259947]]   |
|392   |[[3030, 6.040107], [4794, 5.6566052], [55363, 5.4429026]]   |
|243   |[[1223, 6.5019746], [68945, 6.353135], [3379, 6.353135]]    |
|31    |[[4256, 5.3734074], [49347, 5.365612], [7071, 5.3175936]]   |
|516   |[[4429, 4.8486495], [48322, 4.8443394], [28, 4.8082485]]    |
|580   |[[86347, 5.20571], [4256, 5.0522637], [72171, 5.037114]]    |
|251   |[[33649, 5.6993585], [68945, 5.613014], [3379, 5.613014]]   |
|451   |[[68945, 5.392536], [3379, 5.392536], [905, 5.336588]]      |
|85    |[[25771, 5.2532864], [8477, 5.186757], [99764, 5.1611686]]  |
|137   |[[7008, 4.8952146], [26131, 4.8543305], [3200, 4.6918836]]  |
|65    |[[33649, 4.695069], [3347, 4.5379376], [7071, 4.535537]]    |
|458   |[[3404, 5.7415047], [7018, 5.390625], [42730, 5.343014]]    |
|481   |[[232, 4.393473], [3473, 4.3804317], [26133, 4.357505]]     |
|53    |[[3200, 6.5110188], [33649, 6.4942613], [3347, 6.452143]]   |
|255   |[[86377, 5.9217377], [5047, 5.184309], [6625, 4.962062]]    |
|588   |[[26133, 4.7600465], [6666, 4.65716], [39444, 4.613207]]    |
+------+------------------------------------------------------------+
only showing top 20 rows
```

向所有电影推荐排名前三的用户。

```
model.recommendForAllItems(3).show(false)
```

```
+-------+------------------------------------------------------------+
|movieId|recommendations                                             |
+-------+------------------------------------------------------------+
|1580   |[[53, 4.939177], [543, 4.8362885], [452, 4.5791063]]        |
|4900   |[[147, 3.0081954], [375, 2.9420073], [377, 2.6285374]]      |
|5300   |[[53, 4.29147], [171, 4.129584], [375, 4.1011653]]          |
|6620   |[[392, 5.0614614], [191, 4.820595], [547, 4.7811346]]       |
|7340   |[[413, 3.2256641], [578, 3.1126869], [90, 3.0790782]]       |
|32460  |[[53, 5.642673], [12, 5.5260286], [371, 5.2030106]]         |
|54190  |[[53, 5.544555], [243, 5.486003], [544, 5.243029]]          |
|471    |[[51, 5.073474], [53, 4.8641024], [337, 4.656805]]          |
|1591   |[[112, 4.250576], [335, 4.147236], [207, 4.05843]]          |
```

```
|140541 |[[393, 4.4335465], [536, 4.1968756], [388, 4.0388694]]|
|1342    |[[375, 4.3189483], [313, 3.663758], [53, 3.5866988]]  |
|2122    |[[375, 4.3286233], [147, 4.3245177], [112, 3.8350344]]|
|2142    |[[51, 3.9718416], [375, 3.8228302], [122, 3.8117828]] |
|7982    |[[191, 5.297085], [547, 5.020829], [187, 4.984965]]   |
|44022   |[[12, 4.5919843], [53, 4.501897], [523, 4.301981]]    |
|141422 |[[456, 2.7050805], [597, 2.6988854], [498, 2.6347125]]|
|833     |[[53, 3.8047972], [543, 3.740805], [12, 3.6920836]]   |
|5803    |[[537, 3.8269677], [544, 3.8034997], [259, 3.76062]]  |
|7993    |[[375, 2.93635], [53, 2.9159238], [191, 2.8663528]]   |
|160563 |[[53, 4.048704], [243, 3.9232922], [337, 3.7616432]]  |
+-------+-----------------------------------------------------+
only showing top 20 rows
```

为限定的电影集合推荐排名前三的用户。

```
model.recommendForItemSubset(Seq((111), (202), (225), (347), (488)).
toDF("movieId"), 3).show(false)

+-------+----------------------------------------------------+
|movieId|recommendations                                     |
+-------+----------------------------------------------------+
|225    |[[53, 4.4893017], [147, 4.483344], [276, 4.2529426]]|
|111    |[[375, 5.113064], [53, 4.9947076], [236, 4.9493203]]|
|347    |[[191, 4.686208], [236, 4.51165], [40, 4.409832]]   |
|202    |[[53, 3.349618], [578, 3.255436], [224, 3.245058]]  |
|488    |[[558, 3.3870435], [99, 3.2978806], [12, 3.2749753]]|
+-------+----------------------------------------------------+
```

为限定的用户集合推荐排名前三的电影。

```
model.recommendForUserSubset(Seq((111), (100), (110), (120), (130)).
toDF("userId"), 3).show(false)

+-------+-----------------------------------------------------------+
|userId |recommendations                                            |
+-------+-----------------------------------------------------------+
|111    |[[106100, 4.956068], [128914, 4.9050474], [162344, 4.9050474]]|
|120    |[[26865, 4.979374], [3508, 4.6825113], [3200, 4.6406555]]  |
|100    |[[42730, 5.2531567], [5867, 5.1075697], [3404, 5.0877166]] |
|130    |[[86377, 5.224841], [3525, 5.0586476], [92535, 4.9758487]] |
|110    |[[49932, 4.6330786], [7767, 4.600622], [26171, 4.5615706]] |
+-------+-----------------------------------------------------------+
```

协同过滤在提供高度相关的推荐过程中效率很高，它有很好的扩展性并且可以处理非常大的数据集。为了使协同过滤达到最佳效果，需要有大量的数据。数据量越大，效果越好。随着时间的推移和评分的积累，推荐会变得越来越准确。但在实现的初期，没有大量的数据集通常是一个难题。一种解决方案是结合使用基于内容的过滤和协同过滤。基于内容的过滤并不依赖于用户的行为，它可以立即开始进行推荐，并随着时间的推移逐渐增大数据集。

5.2 使用 FP 增长进行购物篮分析

购物篮分析是零售商普遍使用的一种用于提供产品推荐的技术。它使用交易数据集来判定哪些产品会经常一起购买。零售商往往使用推荐来进行定制化的捆绑销售，从而提高转化率和挖掘每个客户的最大价值。

你在浏览亚马逊网站时应该已经实际接触过购物篮分析了。亚马逊网站产品页面通常会有一个"买过此项产品的客户也买过"的部分，会为你提供一个与当前浏览内容经常一起购买的产品列表，这个列表就是通过购物篮分析生成的。实体零售店也经常使用购物篮分析，在货架图上标注产品邻接放置进行货物摆放的优化，通过将互补的产品放在彼此相邻的放置来增加销售。

购物篮分析使用关联规则学习来做推荐。关联规则利用大量的交易数据集来寻找产品之间的关系[14]。关联规则从产品集中计算而来，产品集通常包含两个或更多的产品。关联规则由前提和结论组成，例如，如果某人买了饼干（前提），那么这个人很有可能会去买牛奶（结论）。著名的关联规则算法包括 Apriori、SETM、ECLAT 和 FP 增长。Spark MLib 包含一种用于关联规则挖掘的 FP 增长算法的高度可扩展实现[15]。FP 增长使用频繁模式树结构（"FP"代表频繁模式）来识别频繁产品并计算产品频率[16]。

备注 在 Jiawei Han、Jian Pei 和 Iwen Yin 的论文"Mining Frequent Patterns Without Candidate Generation"中有 FP 增长的详细描述[17]。

5.2.1　示例

我们将利用著名的 Instacart 线上杂货购物数据集，使用 FP 增长进行购物篮分析 [18]。此数据集包含来自 20 万 Instacart 顾客的涉及 5 万种产品的总共约 340 万条的杂货订单。你可以从 www.instacart.com/datasets/grocery-shopping-2017 下载此数据集。对于 FP 增长我们只需要 products 和 order_products_train 两个表（见清单 5-2）。

清单 5-2　使用 FP 增长进行购物篮分析

```
val productsDF = spark.read.format("csv")
                   .option("header", "true")
                   .option("inferSchema","true")
                   .load("/instacart/products.csv")

ProductsDF.show(false)

+----------+------------------------------------------------+
|product_id|product_name                                    |
+----------+------------------------------------------------+
|1         |Chocolate Sandwich Cookies                      |
|2         |All-Seasons Salt                                |
|3         |Robust Golden Unsweetened Oolong Tea            |
|4         |Smart Ones Classic Favorites Mini Rigatoni With |
|5         |Green Chile Anytime Sauce                       |
|6         |Dry Nose Oil                                    |
|7         |Pure Coconut Water With Orange                  |
|8         |Cut Russet Potatoes Steam N' Mash               |
|9         |Light Strawberry Blueberry Yogurt               |
|10        |Sparkling Orange Juice & Prickly Pear Beverage  |
|11        |Peach Mango Juice                               |
|12        |Chocolate Fudge Layer Cake                      |
|13        |Saline Nasal Mist                               |
|14        |Fresh Scent Dishwasher Cleaner                  |
|15        |Overnight Diapers Size 6                        |
|16        |Mint Chocolate Flavored Syrup                   |
|17        |Rendered Duck Fat                               |
|18        |Pizza for One Suprema  Frozen Pizza             |
|19        |Gluten Free Quinoa Three Cheese & Mushroom Blend|
|20        |Pomegranate Cranberry & Aloe Vera Enrich Drink  |
+----------+------------------------------------------------+

+--------+-------------+
|aisle_id|department_id|
```

```
+--------+-------------+
|61      |19           |
|104     |13           |
|94      |7            |
|38      |1            |
|5       |13           |
|11      |11           |
|98      |7            |
|116     |1            |
|120     |16           |
|115     |7            |
|31      |7            |
|119     |1            |
|11      |11           |
|74      |17           |
|56      |18           |
|103     |19           |
|35      |12           |
|79      |1            |
|63      |9            |
|98      |7            |
+--------+-------------+
```

only showing top 20 rows

```
val orderProductsDF = spark.read.format("csv")
                .option("header", "true")
                .option("inferSchema","true")
                .load("/instacart/order_products__train.csv")
```

orderProductsDF.show()

```
+--------+----------+----------------+---------+
|order_id|product_id|add_to_cart_order|reordered|
+--------+----------+----------------+---------+
|       1|     49302|               1|        1|
|       1|     11109|               2|        1|
|       1|     10246|               3|        0|
|       1|     49683|               4|        0|
|       1|     43633|               5|        1|
|       1|     13176|               6|        0|
|       1|     47209|               7|        0|
|       1|     22035|               8|        1|
|      36|     39612|               1|        0|
|      36|     19660|               2|        1|
|      36|     49235|               3|        0|
|      36|     43086|               4|        1|
|      36|     46620|               5|        1|
```

```
|      36|      34497|                          6|        1|
|      36|      48679|                          7|        1|
|      36|      46979|                          8|        1|
|      38|      11913|                          1|        0|
|      38|      18159|                          2|        0|
|      38|       4461|                          3|        0|
|      38|      21616|                          4|        1|
+--------+----------+-----------------+---------+
only showing top 20 rows
```

```
// Create temporary tables.

orderProductsDF.createOrReplaceTempView("order_products_train")
productsDF.createOrReplaceTempView("products")

val joinedData = spark.sql("select p.product_name, o.order_id from order_
products_train o inner join products p where p.product_id = o.product_id")

import org.apache.spark.sql.functions.max
import org.apache.spark.sql.functions.collect_set

val basketsDF = joinedData
                .groupBy("order_id")
                .agg(collect_set("product_name")
                .alias("items"))

basketsDF.createOrReplaceTempView("baskets"

basketsDF.show(20,55)
```

```
+--------+-------------------------------------------------------+
|order_id|                                                  items|
+--------+-------------------------------------------------------+
|    1342|[Raw Shrimp, Seedless Cucumbers, Versatile Stain Rem...|
|    1591|[Cracked Wheat, Strawberry Rhubarb Yoghurt, Organic ...|
|    4519|[Beet Apple Carrot Lemon Ginger Organic Cold Pressed...|
|    4935|                                               [Vodka]|
|    6357|[Globe Eggplant, Panko Bread Crumbs, Fresh Mozzarell...|
|   10362|[Organic Baby Spinach, Organic Spring Mix, Organic L...|
|   19204|[Reduced Fat Crackers, Dishwasher Cleaner, Peanut Po...|
|   29601|[Organic Red Onion, Small Batch Authentic Taqueria T...|
|   31035|[Organic Cripps Pink Apples, Organic Golden Deliciou...|
|   40011|[Organic Baby Spinach, Organic Blues Bread with Blue...|
|   46266|[Uncured Beef Hot Dog, Organic Baby Spinach, Smoked ...|
|   51607|[Donut House Chocolate Glazed Donut Coffee K Cup, Ma...|
|   58797|[Concentrated Butcher's Bone Broth, Chicken, Seedles...|
|   61793|[Raspberries, Green Seedless Grapes, Clementines, Na...|
|   67089|[Original Tofurky Deli Slices, Sharp Cheddar Cheese,...|
|   70863|[Extra Hold Non-Aerosol Hair Spray, Bathroom Tissue,...|
|   88674|[Organic Coconut Milk, Everything Bagels, Rosemary, ...|
```

```
|   91937|[No. 485 Gin, Monterey Jack Sliced Cheese, Tradition...|
|   92317|[Red Vine Tomato, Harvest Casserole Bowls, Organic B...|
|   99621|[Organic Baby Arugula, Organic Garlic, Fennel, Lemon...|
+--------+----------------------------------------------------+
only showing top 20 rows
```

```
import org.apache.spark.ml.fpm.FPGrowth
```

```
// FPGrowth only needs a string containing the list of items.
```

```
val basketsDF = spark.sql("select items from baskets")
                .as[Array[String]].toDF("items")
```

```
basketsDF.show(20,55)
```

```
+-------------------------------------------------------+
|                                                  items|
+-------------------------------------------------------+
|[Raw Shrimp, Seedless Cucumbers, Versatile Stain Rem...|
|[Cracked Wheat, Strawberry Rhubarb Yoghurt, Organic ...|
|[Beet Apple Carrot Lemon Ginger Organic Cold Pressed...|
|                                               [Vodka]|
|[Globe Eggplant, Panko Bread Crumbs, Fresh Mozzarell...|
|[Organic Baby Spinach, Organic Spring Mix, Organic L...|
|[Reduced Fat Crackers, Dishwasher Cleaner, Peanut Po...|
|[Organic Red Onion, Small Batch Authentic Taqueria T...|
|[Organic Cripps Pink Apples, Organic Golden Deliciou...|
|[Organic Baby Spinach, Organic Blues Bread with Blue...|
|[Uncured Beef Hot Dog, Organic Baby Spinach, Smoked ...|
|[Donut House Chocolate Glazed Donut Coffee K Cup, Ma...|
|[Concentrated Butcher's Bone Broth, Chicken, Seedles...|
|[Raspberries, Green Seedless Grapes, Clementines, Na...|
|[Original Tofurky Deli Slices, Sharp Cheddar Cheese,...|
|[Extra Hold Non-Aerosol Hair Spray, Bathroom Tissue,...|
|[Organic Coconut Milk, Everything Bagels, Rosemary, ...|
|[No. 485 Gin, Monterey Jack Sliced Cheese, Tradition...|
|[Red Vine Tomato, Harvest Casserole Bowls, Organic B...|
|[Organic Baby Arugula, Organic Garlic, Fennel, Lemon...|
+-------------------------------------------------------+
only showing top 20 rows
```

```
val fpgrowth = new FPGrowth()
               .setItemsCol("items")
               .setMinSupport(0.002)
               .setMinConfidence(0)
```

```
val model = fpgrowth.fit(basketsDF)
```

```
// Frequent itemsets.
```

```
val mostPopularItems = model.freqItemsets

mostPopularItems.createOrReplaceTempView("mostPopularItems")

// Verify results.

spark.sql("select * from mostPopularItems wheresize(items) >= 2 order by
freq desc")
        .show(20,55)
+-------------------------------------------------+----+
|                                            items|freq|
+-------------------------------------------------+----+
|[Organic Strawberries, Bag of Organic Bananas]|3074|
|[Organic Hass Avocado, Bag of Organic Bananas]|2420|
|[Organic Baby Spinach, Bag of Organic Bananas]|2236|
|                        [Organic Avocado, Banana]|2216|
|                   [Organic Strawberries, Banana]|2174|
|                         [Large Lemon, Banana]|2158|
|                  [Organic Baby Spinach, Banana]|2000|
|                           [Strawberries, Banana]|1948|
| [Organic Raspberries, Bag of Organic Bananas]|1780|
| [Organic Raspberries, Organic Strawberries]|1670|
| [Organic Baby Spinach, Organic Strawberries]|1639|
|                            [Limes, Large Lemon]|1595|
| [Organic Hass Avocado, Organic Strawberries]|1539|
|     [Organic Avocado, Organic Baby Spinach]|1402|
|                  [Organic Avocado, Large Lemon]|1349|
|                            [Limes, Banana]|1331|
| [Organic Blueberries, Organic Strawberries]|1269|
|   [Organic Cucumber, Bag of Organic Bananas]|1268|
| [Organic Hass Avocado, Organic Baby Spinach]|1252|
|         [Large Lemon, Organic Baby Spinach]|1238|
+-------------------------------------------------+----+
only showing top 20 rows

spark.sql("select * from mostPopularItems where
        size(items) > 2 order by freq desc")
        .show(20,65)
+-----------------------------------------------------------+----+
|                                                      items|freq|
+-----------------------------------------------------------+----+
|[Organic Hass Avocado, Organic Strawberries, Bag of Organic Ba...| 710|
|[Organic Raspberries, Organic Strawberries, Bag of Organic Ban...| 649|
|[Organic Baby Spinach, Organic Strawberries, Bag of Organic Ba...| 587|
|[Organic Raspberries, Organic Hass Avocado, Bag of Organic Ban...| 531|
|[Organic Hass Avocado, Organic Baby Spinach, Bag of Organic Ba...| 497|
|             [Organic Avocado, Organic Baby Spinach, Banana]| 484|
```

```
|                            [Organic Avocado, Large Lemon, Banana]| 477|
|                                    [Limes, Large Lemon, Banana]| 452|
| [Organic Cucumber, Organic Strawberries, Bag of Organic Bananas]| 424|
|                              [Limes, Organic Avocado, Large Lemon]| 389|
|[Organic Raspberries, Organic Hass Avocado, Organic Strawberries]| 381|
|                    [Organic Avocado, Organic Strawberries, Banana]| 379|
|               [Organic Baby Spinach, Organic Strawberries, Banana]| 376|
|[Organic Blueberries, Organic Strawberries, Bag of Organic Ban...| 374|
|                        [Large Lemon, Organic Baby Spinach, Banana]| 371|
| [Organic Cucumber, Organic Hass Avocado, Bag of Organic Bananas]| 366|
|   [Organic Lemon, Organic Hass Avocado, Bag of Organic Bananas]| 353|
|                              [Limes, Organic Avocado, Banana]| 352|
|[Organic Whole Milk, Organic Strawberries, Bag of Organic Bana...| 339|
|               [Organic Avocado, Large Lemon, Organic Baby Spinach]| 334|
+----------------------------------------------------------------+----+
only showing top 20 rows
```

上面显示的是最有可能一起购买的产品。列表中最受欢迎的是有机鳄梨、有机草莓和有机香蕉的组合。此列表就是"经常一起购买"这种推荐类型的数据基础。

```
// The FP-Growth model also generates association rules. The output includes
// the antecedent, consequent, and confidence (probability). The minimum
// confidence for generating association rule is determined by the
// minConfidence parameter.

val AssocRules = model.associationRules
AssocRules.createOrReplaceTempView("AssocRules")

spark.sql("select antecedent, consequent,
          confidence from AssocRules order by confidence desc")
     .show(20,55)

+-------------------------------------------------------+
|                                            antecedent|
+-------------------------------------------------------+
|            [Organic Raspberries, Organic Hass Avocado]|
|                        [Strawberries, Organic Avocado]|
|         [Organic Hass Avocado, Organic Strawberries]|
|               [Organic Lemon, Organic Hass Avocado]|
|                [Organic Lemon, Organic Strawberries]|
|             [Organic Cucumber, Organic Hass Avocado]|
|[Organic Large Extra Fancy Fuji Apple, Organic Straw...|
|            [Organic Yellow Onion, Organic Hass Avocado]|
|                           [Strawberries, Large Lemon]|
|          [Organic Blueberries, Organic Raspberries]|
```

```
|          [Organic Cucumber, Organic Strawberries]|
|          [Organic Zucchini, Organic Hass Avocado]|
|         [Organic Raspberries, Organic Baby Spinach]|
|        [Organic Hass Avocado, Organic Baby Spinach]|
|          [Organic Zucchini, Organic Strawberries]|
|        [Organic Raspberries, Organic Strawberries]|
|                                    [Bartlett Pears]|
|                                       [Gala Apples]|
|                              [Limes, Organic Avocado]|
|        [Organic Raspberries, Organic Hass Avocado]|
+----------------------------------------------------+

+------------------------+------------------+
|              consequent|        confidence|
+------------------------+------------------+
|[Bag of Organic Bananas]| 0.521099116781158|
|                [Banana]|0.4643478260869565|
|[Bag of Organic Bananas]|0.4613385315139701|
|[Bag of Organic Bananas]|0.4519846350832266|
|[Bag of Organic Bananas]|0.4505169867060561|
|[Bag of Organic Bananas]|0.4404332129963899|
|[Bag of Organic Bananas]|0.4338461538461538|
|[Bag of Organic Bananas]|0.42270861833105333|
|                [Banana]|0.4187779433681073|
|   [Organic Strawberries]| 0.414985590778098|
|[Bag of Organic Bananas]|0.4108527131782946|
|[Bag of Organic Bananas]|0.40930232558139534|
|[Bag of Organic Bananas]|0.40706806282722513|
|[Bag of Organic Bananas]|0.39696485623003197|
|[Bag of Organic Bananas]| 0.3914780292942743|
|[Bag of Organic Bananas]|0.38862275449101796|
|                [Banana]|0.3860811930405965|
|                [Banana]|0.38373305526590196|
|           [Large Lemon]|0.3751205400192864|
|   [Organic Strawberries]|0.37389597644749756|
+------------------------+------------------+
only showing top 20 rows
```

根据输出结果，购买有机覆盆子、有机鳄梨和有机草莓的顾客更有可能购买有机香蕉。如你所见，香蕉是一种非常受欢迎的产品。此列表就是"买这种产品的顾客也会买"这种推荐类型的数据基础。

备注 除了 FP 增长，Spark MLib 还包含了另一种频率模式匹配算法的实现，叫作 PrefixSpan。FP 增长没有考虑产品集的排序方式，而 PrefixSpan 使用有序的产品集列表，来发现数据集中的顺序模式。PrefixSpan 属于顺序模式挖掘算法的一个子类。在 Jian Pei 等人的论文 "Mining Sequential Patterns by PatternGrowth: The PrefixSpan Approach" 中对 PrefixSpan 进行了详细的描述。

5.2.2 基于内容的过滤

基于内容的过滤通过对比产品的信息（例如产品的名称、描述、类别）与用户的资料来提供推荐。我们用一个针对电影的基于内容的推荐系统来举例说明。如果此系统根据资料发现某用户喜欢 Cary Grant 的电影，那么这个系统就会为其推荐相关电影，例如 *North by Northwest*、*To Catch a Thief* 和 *An Affair to Remember*。推荐系统也可能会推荐与 Cary Grant 相同风格的 Jimmy Stewart、Gregory Peck 或 Clark Gable 等演员的电影。而与 Cary Grant 经常合作的电影人 Alfred Hitchcock 和 George Cukor 所执导的电影也可能会被推荐。此系统能够立刻提供推荐，而不必像协同过滤那样需要等待用户的显式或隐式反馈。

基于内容的过滤也有不好的一面，它会缺乏多样而新颖的推荐。观看者有时需要更大范围的电影选择，或者说需要一些与其资料并不是那些匹配的电影。可扩展性是另一个困扰基于内容的推荐系统的难题。为了生成更高相关度的推荐，基于内容的引擎需要大量有关其推荐产品限定域内的相关信息[19]。仅根据标题、描述或类型给出电影推荐是不够的，内部数据往往需要从 IMDB 和烂番茄（Rotten Tomatoes）等第三方数据源进行扩充。无监督学习方法（例如隐含狄利克雷分布，LDA）可以利用从这些数据源中提取的元数据来创建新主题。本书在第 4 章中详细讨论了 LDA。

Netflix 在此领域中处于领先地位，它通过创建成千上万的微类型来提供高针对性个性化推荐。例如，Netflix 不仅知道我的妻子喜欢看韩国电影，它还知道她喜欢韩国浪漫电影、韩国谋杀电影、韩国黑帮电影和她个人喜欢的韩国律政电影。针对它的系统，Netflix 聘请了许多兼职电影迷为其库中数千部电影和电视节目添加描述和分类。

Spark MLib 中并没有包含基于内容过滤的算法，但是 Spark 中有帮助你开发自己实现的必要组件。在开始之前，我建议你研究 Spark 中一种高可扩展的相似性算法，"基于 MapReduce 的维数无关矩阵平方"或简称 DIMSUM，要获取更多内容请访问 https://bit.ly/2YV6qTr[20]。

5.3　总结

每一种方法都有其优点和弱点。在实际生活中，常见的做法是构建混合推荐引擎，组合多种技术来增强效果。推荐系统领域仍有待开发。考虑到它为那些世界上的大公司所带来的利润，希望此领域会有更大的发展。FP 增长的示例改编自 Databricks 上 Bhavin Kukadia 和 Denny Lee 的工作成果[21]。

5.4　参考资料

[1]　René Girard; "René Girard and Mimetic Theory," imitatio.org, 2019, www.imitatio.org/brief-intro

[2]　Michael Osborne; "How Retail Brands Can Compete And Win Using Amazon's Tactics," forbes.com, 2017, www.forbes.com/sites/forbesagencycouncil/2017/12/21/how-retail-brands-can-compete-and-win-using-amazons-tactics/#4f4e55bc5e18

[3]　Ian MacKenzie et al.; "How retailers can keep up with consumers," mckinsey.com, 2013, www.mckinsey.com/industries/retail/our-insights/how-retailers-can-keep-up-with-consumers

[4]　Nathan McAlone; "Why Netflix thinks its personalized recommendation engine is worth $1 billion per year," businessinsider.com, 2016, www.businessinsider.com/netflix-recommendation-engine-worth-1-billion-per-year-2016-6

[5]　Bernard Marr; "The Amazing Ways Chinese Tech Giant Alibaba Uses Artificial Intelligence And Machine Learning," 2018, www.forbes.com/sites/bernardmarr/2018/07/23/the-amazing-ways-chinese-tech-giant-alibaba-uses-artificial-intelligence-and-machine-learning/#686ffa0117a9

[6]　William Vorhies; "5 Types of Recommenders," datasciencecentral.com, 2017, www.datasciencecentral.com/m/blogpost?id=6448529%3ABlogPost%3A512183

[7]　Carol McDonald; "Building a Recommendation Engine with Spark," mapr.com, 2015, https://mapr.com/ebooks/spark/08-recommendation-engine-spark.html

[8]　Burak Yavuz et al.; "Scalable Collaborative Filtering with Apache Spark MLlib," Databricks.com, 2014, https://databricks.com/blog/2014/07/23/scalable-collaborative-filtering-with-spark-mllib.html

[9]　IBM; "Introduction to Apache Spark lab, part 3: machine learning," IBM.com, 2017, https://dataplatform.cloud.ibm.com/exchange/public/entry/view/5ad1c820f57809ddec9a040e37b4af08

[10]　Spark; "Class ALS," spark.apache.org, 2019, https://spark.apache.org/docs/2.0.0/api/java/org/apache/spark/mllib/recommendation/ALS.html

[11]　Robert M. Bell and Yehuda Koren; "Scalable Collaborative Filtering with Jointly Derived Neighborhood Interpolation Weights," acm.org, 2007, https://dl.acm.org/citation.cfm?id=1442050

[12]　Apache Spark; "Collaborative Filtering," spark.apache.org, 2019, https://spark.apache.org/docs/latest/ml-collaborative-filtering.html

[13] Apache Spark; "Collaborative Filtering," spark.apache.org, 2019, `https://spark.apache.org/docs/latest/ml-collaborative-filtering.html`

[14] Margaret Rouse; "association rules (in data mining)," techtarget.com, 2018, `https://searchbusinessanalytics.techtarget.com/definition/association-rules-in-data-mining`

[15] Apache Spark; "Frequent Pattern Mining," spark.apache.org, 2019, `https://spark.apache.org/docs/2.3.0/mllib-frequent-pattern-mining.html`

[16] Jiawei Han et. al.; "Mining frequent patterns without candidate generation," acm.org, 2000, `https://dl.acm.org/citation.cfm?doid=335191.335372`

[17] Jiawei Han, et al.; "Mining frequent patterns without candidate generation," acm.org, 2000, `https://dl.acm.org/citation.cfm?id=335372%C3%DC`

[18] Bhavin Kukadia and Denny Lee; "Simplify Market Basket Analysis using FP-growth on Databricks," Databricks.com, 2018, `https://databricks.com/blog/2018/09/18/simplify-market-basket-analysis-using-fp-growth-on-databricks.html`

[19] Tyler Keenan; "What Is Content-Based Filtering?", upwork.com, 2019, `www.upwork.com/hiring/data/what-is-content-based-filtering/`

[20] Reza Zadeh; "Efficient similarity algorithm now in Apache Spark, thanks to Twitter," Databricks.com, 2014, `https://databricks.com/blog/2014/10/20/efficient-similarity-algorithm-now-in-spark-twitter.html`

[21] Bhavin Kukadia and Denny Lee; "Simplify Market Basket Analysis using FP-growth on Databricks," Databricks.com, 2018, `https://databricks.com/blog/2018/09/18/simplify-market-basket-analysis-using-fp-growth-on-databricks.html`

CHAPTER 6

第 6 章

图 分 析

如果知道我会死在哪里，那我将永远不去那个地方。

——Charlie Munger[1]

图分析是一种数据分析技术，用于确定图中对象之间关系的强度和方向。图是数学结构，用于建模对象之间的关系和过程 [2]。它们可以用来表示数据中的复杂关系和依赖关系。图由表示系统中实体的顶点或节点组成，这些顶点由边连接，边表示这些实体之间的关系 [3]。

6.1 图介绍

你在平时工作生活中可能很难直观感受到图，但图无处不在。LinkedIn、Facebook 和 Twitter 等社交网络都是图，互联网和万维网也是图，计算机网络是图，自来水管道是图，道路网络是图。GraphX 等图处理框架具有专门用于处理基于图的数据的图算法和操作符。

6.1.1 无向图

无向图是指拥有没有方向的边的图。无向图中的边可以在两个方向上遍历，并表示一种双向关系。图 6-1 显示了一个有三个顶点和三条边的无向图[4]。

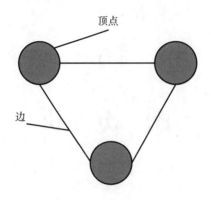

顶点

边

图 6-1   无向图

6.1.2   有向图

有向图中有向的边表示单向关系。在有向图中，每条边只能沿一个方向遍历（如图 6-2 所示）。

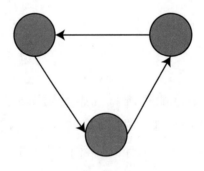

图 6-2   有向图

6.1.3   有向多重图

多重图的顶点之间有多条边（如图 6-3 所示）。

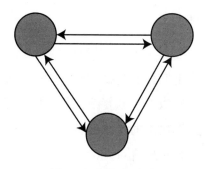

图 6-3 有向多重图

6.1.4 属性图

属性图是一种有向多重图，其顶点和边都有用户定义的属性 [5]（如图 6-4 所示）。

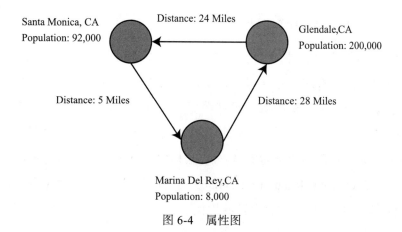

图 6-4 属性图

6.2 图分析用例

图分析在众多行业中蓬勃发展。任何利用大量关联数据的项目都是进行图分析的理想用例。本书没有包含一个全面的用例列表，但会让你对图分析的可能性有一个大致的了解。

6.2.1　欺诈检测和反洗钱

欺诈检测和反洗钱（AML）可能是图分析最广为人知的用例之一。人工筛选数以百万计的银行交易以确定欺诈和洗钱活动，即使不是不可能，也会让人望而生畏。通过一系列相互关联、看似无害的复杂交易来隐藏欺诈行为的复杂方法，加剧了这一问题。检测和防止这类攻击的传统技术如今已经过时了。图分析是这个问题的完美解决方案，它可以很容易地将可疑的交易与其他异常行为模式联系起来。像 GraphX 这样的高性能图处理 API 允许非常快速的从一个事务到另一个事务的复杂遍历。图分析应用在欺诈检测和反洗钱上最著名的例子也许就是巴拿马文件（Panama Paper）丑闻了。通过使用图分析来识别数百万份泄露文件之间的联系，分析人员能够发现一些隐藏在海外银行账户中的资产，这些账户的所有者包括著名的外国领导人、政治家，甚至女王 [6]。

6.2.2　数据治理和法规遵从性

典型的大型组织会在中央数据存储库（如数据湖）中存储数百万个数据文件。这需要适当的主数据管理，意味着在每次修改文件或创建新副本时需要跟踪数据沿袭。通过跟踪数据沿袭，组织可以跟踪数据从源到目的地的移动，提供对数据点到点变化的所有方式的可见性 [7]。良好的数据沿袭策略可以提高对数据的信心，并实现准确的业务决策。数据沿袭也是维护数据相关法规遵从性（如通用数据保护法规（General Data Protection Regulation，GDPR））的一个需求。被发现违反 GDPR 可能会面临巨额罚款。图分析非常适合这些用例。

6.2.3　风险管理

为了管理风险，对冲基金和投资银行等金融机构使用图分析来识别可能引发"黑天鹅"事件的相互关联的风险和模式。以 2008 年金融危机为例，通过揭示抵押贷款支持证券（MBS）、债务抵押债券（CDO）、基于 CDO 的信用违约互换之间错综复杂的相互依赖关系，图分析可以为证券化衍生品的复杂过程提供可见性。

6.2.4　运输

空中交通网络也是一个图。机场代表顶点，而路线代表边。商业飞行计划就是使用图分析创建的。航空公司和物流公司使用图分析来优化路线，以确定最安全或最快的可能路线。这些优化确保了安全性，并可以节省时间和金钱。

6.2.5　社交网络

社交网络是图分析最直观的用例。现代社会几乎每个人都有一个"社交图"，即代表一个人在社交网络中与其他人或群体的社交关系的图。如果你在 Facebook、Twitter、Instagram 或 LinkedIn 上注册过，你就有一个社交图。一个很好的例子就是 Facebook 使用 Apache Giraph（另一个开源图框架）来处理和分析一万亿条边，以进行内容排序和推荐 [8]。

6.2.6　网络基础设施管理

互联网是一个由互联的路由器、服务器、台式机、物联网和移动设备组成的巨大的图。政府和企业网络可以看作互联网的子图。即使是小型家庭网络也是图。设备代表顶点，网络连接代表边。图分析为网络管理员提供了可视化复杂网络拓扑的能力，对于监控和故障排除非常有用。这对于由数千个连接设备组成的大型企业网络尤其有价值。

6.3　GraphX 简介

GraphX 是 Spark 基于 RDD 的图处理 API。除了图操作符和算法之外，GraphX 还提供用于存储图数据的数据类型 [9]。

6.3.1　Graph

属性图由 Graph 类的实例表示。就像 RDD 一样，属性图被分割并分配到执行器中，在发生崩溃时可以重新创建。属性图是不可变的，这意味着要更改图的结构或值，需要创建一个新图[10]。

6.3.2 VertexRDD

属性图中的顶点由 VertexRDD 表示。每个顶点只有一个条目存储在 VertexRDD 中。

6.3.3 Edge

Edge 类包含与源和目标顶点标识符相对应的源和目标的 ID，以及存储边属性的参数[11]。

6.3.4 EdgeRDD

属性图中的边由 EdgeRDD 表示。

6.3.5 EdgeTriplet

边和它连接的两个顶点的组合由一个 EdgeTriplet 类的实例表示。EdgeTriplet 类还包含了边的属性和它连接的顶点。

6.3.6 EdgeContext

EdgeContext 类公开三元组字段以及将消息发送到源顶点和目标顶点的函数[12]。

6.3.7 GraphX 示例

对于本例（清单 6-1），我将使用 GraphX 分析南加州不同城市之间的距离。我们将根据表 6-1 中的数据构造一个类似图 6-5 的属性图。

表 6-1 南加州不同城市之间的距离

Source	Destination	Distance
Santa Monica, CA	Marina Del Rey, CA	5 Miles
Santa Monica, CA	Glendale, CA	24 Miles
Marina Del Rey, CA	Glendale, CA	28 Miles
Glendale, CA	Pasadena, CA	9 Miles
Pasadena, CA	Glendale, CA	9 Miles

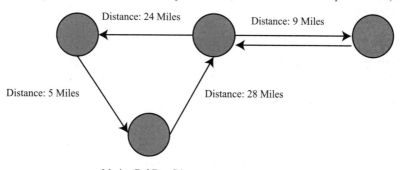

图 6-5 属性图

清单 6-1 GraphX 示例 [13]

```
importorg.apache.spark.rdd.RDD
importorg.apache.spark.graphx._

// Define the vertices.

val vertices = Array((1L, ("Santa Monica","CA")),(2L,("Marina Del
Rey","CA")),(3L, ("Glendale","CA")),(4L, ("Pasadena","CA")))

valvRDD = sc.parallelize(vertices)
// Define the edges.

val edges = Array(Edge(1L,2L,5),Edge(1L,3L,24),Edge(2L,3L,28),Edge(3L,4L,9),
Edge(4L,3L,9))

val eRDD = sc.parallelize(edges)

// Create a property graph.
```

```
val graph = Graph(vRDD,eRDD)

graph.vertices.collect.foreach(println)

(3,(Glendale,CA))
(4,(Pasadena,CA))
(1,(Santa Monica,CA))
(2,(Marina Del Rey,CA))

graph.edges.collect.foreach(println)
Edge(1,2,5)
Edge(1,3,24)
Edge(2,3,28)
Edge(3,4,9)
Edge(4,3,9)

//Return the number of vertices.

val numCities = graph.numVertices
numCities: Long = 4

// Return the number of edges.

val numRoutes = graph.numEdges
numRoutes: Long = 5

// Return the number of ingoing edges for each vertex.

graph.inDegrees.collect.foreach(println)
(3,3)
(4,1)
(2,1)
// Return the number of outgoing edges for each vertex.

graph.outDegrees.collect.foreach(println)
(3,1)
(4,1)
(1,2)
(2,1)

// Return all routes that is less than 20 miles.

graph.edges.filter{ case Edge(src, dst, prop) => prop < 20 }.collect.
foreach(println)

Edge(1,2,5)
Edge(3,4,9)
Edge(4,3,9)

// The EdgeTriplet class includes the source and destination attributes.

graph.triplets.collect.foreach(println)
```

```
((1,(Santa Monica,CA)),(2,(Marina Del Rey,CA)),5)
((1,(Santa Monica,CA)),(3,(Glendale,CA)),24)
((2,(Marina Del Rey,CA)),(3,(Glendale,CA)),28)
((3,(Glendale,CA)),(4,(Pasadena,CA)),9)
((4,(Pasadena,CA)),(3,(Glendale,CA)),9)

// Sort by farthest route.

graph.triplets.sortBy(_.attr, ascending=false).collect.foreach(println)
((2,(Marina Del Rey,CA)),(3,(Glendale,CA)),28)
((1,(Santa Monica,CA)),(3,(Glendale,CA)),24)
((3,(Glendale,CA)),(4,(Pasadena,CA)),9)
((4,(Pasadena,CA)),(3,(Glendale,CA)),9)
((1,(Santa Monica,CA)),(2,(Marina Del Rey,CA)),5)

// mapVertices applies a user-specified function to every vertex.

val newGraph = graph.mapVertices((vertexID,state) => "TX")
newGraph.vertices.collect.foreach(println)
(3,TX)
(4,TX)
(1,TX)
(2,TX)

// mapEdges applies a user-specified function to every edge.

val newGraph = graph.mapEdges((edge) => "500")

Edge(1,2,500)
Edge(1,3,500)
Edge(2,3,500)
Edge(3,4,500)
Edge(4,3,500)
```

6.3.8 图算法

GraphX 自带了一些常见图算法的实现，比如 PageRank（网页排名）、三角形计数和连接分支。

1.PageRank 算法

PageRank 算法是最初由谷歌开发的一种算法，用来确定网页的重要性。一个具有较高 PageRank 值的网页比一个具有较低 PageRank 值的网页更具相关性。页面的 PageRank 值取决于链接到它的页面的 PageRank 值。因此，它是一种迭代算法。高质量链接的数量也会影响页面的 PageRank。GraphX 包含一个内置的 PageRank 实现，附带静态和动态版本的 PageRank。

（1）动态 PageRank 算法

动态 PageRank 执行达到某个阈值后，排名不再更新（即执行到排名收敛）。

```
val dynamicPageRanks = graph.pageRank(0.001).vertices

val sortedRanks = dynamicPageRanks.sortBy(_._2,ascending=false)

sortedRanks.collect.foreach(println)
(3,1.8845795504535865)
(4,1.7507334787248419)
(2,0.21430059110133595)
(1,0.15038637972023575)
```

（2）静态 PageRank 算法

静态 PageRank 执行固定的次数。

```
val staticPageRanks = graph.staticPageRank(10)

val sortedRanks = staticPageRanks.vertices.sortBy(_._2,ascending=false)

sortedRanks.collect.foreach(println)
(4,1.8422463479403317)
(3,1.7940036520596683)
(2,0.21375000000000008)
(1,0.15000000000000005)
```

2. 三角形计数算法

三角形由三个相连的顶点组成。三角形计数算法通过确定穿过每个顶点的三角形的数量来提供聚类的度量。在图 6-5 中，Santa Monica、Marina Del Rey 和 Glendale 都是三角形的一部分，而 Pasadena 不是。

```
val triangleCount = graph.triangleCount()

triangleCount.vertices.collect.foreach(println)
```

```
(3,1)
(4,0)
(1,1)
(2,1)
```

3. 连通分支算法

连通分支算法确定子图中每个顶点的隶属度。该算法返回子图中编号最低的顶点的顶点 ID 作为顶点的属性。图 6-6 展示了两个连通的分支。在清单 6-2 中展示了一个示例。

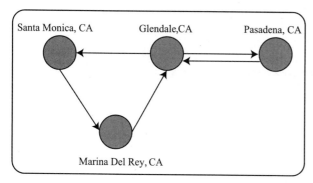
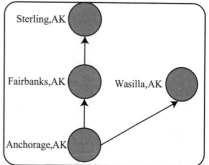

图 6-6　连通分支

清单 6-2　执行连通分支算法

```
val vertices = Array((1L, ("Santa Monica","CA")),(2L,("Marina Del Rey","CA")),
(3L, ("Glendale","CA")),(4L, ("Pasadena","CA")),(5L, ("Anchorage","AK")),
(6L, ("Fairbanks","AK")),(7L, ("Sterling","AK")),(8L, ("Wasilla","AK")))

val vRDD = sc.parallelize(vertices)

val edges = Array(Edge(1L,2L,5),Edge(1L,3L,24),Edge(2L,3L,28),Edge(3L,4L,9),
Edge(4L,3L,9),Edge(5L,6L,32),Edge(6L,7L,28),Edge(5L,8L,17))

val eRDD = sc.parallelize(edges)

val graph = Graph(vRDD,eRDD)

graph.vertices.collect.foreach(println)
```

```
(6,(Fairbanks,AK))
(3,(Glendale,CA))
(4,(Pasadena,CA))
(1,(Santa Monica,CA))
(7,(Sterling,AK))
(8,(Wasilla,AK))
(5,(Anchorage,AK))
(2,(Marina Del Rey,CA))

graph.edges.collect.foreach(println)

Edge(1,2,5)
Edge(1,3,24)
Edge(2,3,28)
Edge(3,4,9)
Edge(4,3,9)
Edge(5,6,32)
Edge(5,8,17)
Edge(6,7,28)

val connectedComponents = graph.connectedComponents()

connectedComponents.vertices.collect.foreach(println)

(6,5)
(3,1)
(4,1)
(1,1)
(7,5)
(8,5)
(5,5)
(2,1)
```

6.3.9　GraphFrames

　　GraphFrames 是一个构建在 DataFrame 之上的图处理库。在撰写本书时，GraphFrames 仍在积极开发中，但它成为核心 Apache Spark 框架的一部分只是时间问题。有一些功能使得 GraphFrames 比 GraphX 更强大。所有 GraphFrames 算法都可以在 Java、Python 和 Scala 中使用。可以使用熟悉的 DataFrame API 和 Spark SQL 访问 GraphFrames。它还完全支持 DataFrame 数据源，允许使用几种支持的格式和数据源（如关系数据源、CSV、JSON 和 Parquet）读写图 [14]。清单 6-3 展示了一个如何使用 GraphFrames 的示例 [15]。

清单 6-3 GraphFrames 示例

```
spark-shell --packages graphframes:graphframes:0.7.0-spark2.4-s_2.11

import org.graphframes._

val vDF = spark.createDataFrame(Array((1L, "Santa Monica","CA"),
(2L,"Marina Del Rey","CA"),(3L, "Glendale","CA"),(4L, "Pasadena","CA"),
(5L, "Anchorage","AK"),(6L, "Fairbanks","AK"),(7L, "Sterling","AK"),
(8L, "Wasilla","AK"))).toDF("id","city","state")

vDF.show
+---+--------------+-----+
| id|          city|state|
+---+--------------+-----+
|  1|  Santa Monica|   CA|
|  2|Marina Del Rey|   CA|
|  3|      Glendale|   CA|
|  4|      Pasadena|   CA|
|  5|     Anchorage|   AK|
|  6|     Fairbanks|   AK|
|  7|      Sterling|   AK|
|  8|       Wasilla|   AK|
+---+--------------+-----+

val eDF = spark.createDataFrame(Array((1L,2L,5),(1L,3L,24),(2L,
3L,28),(3L,4L,9),(4L,3L,9),(5L,6L,32),(6L,7L,28),(5L,8L,17))).
toDF("src","dst","distance")

eDF.show
+---+----+--------+
|src|dest|distance|
+---+----+--------+
|  1|   2|       5|
|  1|   3|      24|
|  2|   3|      28|
|  3|   4|       9|
|  4|   3|       9|
|  5|   6|      32|
|  6|   7|      28|
|  5|   8|      17|
+---+----+--------+

val graph = GraphFrame(vDF,eDF)

graph.vertices.show
+---+--------------+-----+
| id|          city|state|
```

```
+---+--------------+-----+
|  1|  Santa Monica|   CA|
|  2|Marina Del Rey|   CA|
|  3|      Glendale|   CA|
|  4|      Pasadena|   CA|
|  5|     Anchorage|   AK|
|  6|     Fairbanks|   AK|
|  7|      Sterling|   AK|
|  8|       Wasilla|   AK|
+---+--------------+-----+
```

graph.edges.show

```
+---+---+--------+
|src|dst|distance|
+---+---+--------+
|  1|  2|       5|
|  1|  3|      24|
|  2|  3|      28|
|  3|  4|       9|
|  4|  3|       9|
|  5|  6|      32|
|  6|  7|      28|
|  5|  8|      17|
+---+---+--------+
```

graph.triplets.show

```
+--------------------+----------+--------------------+
|                 src|      edge|                 dst|
+--------------------+----------+--------------------+
|[1, Santa Monica,...|[1, 3, 24]|   [3, Glendale, CA]|
|[1, Santa Monica,...| [1, 2, 5]|[2, Marina Del Re...|
|[2, Marina Del Re...|[2, 3, 28]|   [3, Glendale, CA]|
|   [3, Glendale, CA]| [3, 4, 9]|   [4, Pasadena, CA]|
|   [4, Pasadena, CA]| [4, 3, 9]|   [3, Glendale, CA]|
|  [5, Anchorage, AK]|[5, 8, 17]|    [8, Wasilla, AK]|
|  [5, Anchorage, AK]|[5, 6, 32]|  [6, Fairbanks, AK]|
|  [6, Fairbanks, AK]|[6, 7, 28]|   [7, Sterling, AK]|
+--------------------+----------+--------------------+
```

graph.inDegrees.show

```
+---+--------+
| id|inDegree|
+---+--------+
|  7|       1|
|  6|       1|
|  3|       3|
```

```
|  8|        1|
|  2|        1|
|  4|        1|
+---+---------+
```

graph.outDegrees.show

```
+---+---------+
| id|outDegree|
+---+---------+
|  6|        1|
|  5|        2|
|  1|        2|
|  3|        1|
|  2|        1|
|  4|        1|
+---+---------+
```

sc.setCheckpointDir("/tmp")

val connectedComponents = graph.connectedComponents.run

connectedComponents.show

```
+---+--------------+-----+---------+
| id|          city|state|component|
+---+--------------+-----+---------+
|  1|   Santa Monica|   CA|        1|
|  2|Marina Del Rey|   CA|        1|
|  3|      Glendale|   CA|        1|
|  4|      Pasadena|   CA|        1|
|  5|     Anchorage|   AK|        5|
|  6|     Fairbanks|   AK|        5|
|  7|      Sterling|   AK|        5|
|  8|       Wasilla|   AK|        5|
+---+--------------+-----+---------+
```

6.4 总结

本章介绍了如何使用 GraphX 和 GraphFrames 进行图分析。图分析是一个令人兴奋和快速发展的研究领域，具有广泛和深远的应用前景。我们只触及了 GraphX 和 GraphFrames 的表面功能。虽然它们可能不适合每一个用例，但使用它们来进行图分析是非常合适的，并且会是你的分析工具集不可或缺的补充。

6.5 参考资料

[1] Michael Simmons; "What Self-Made Billionaire Charlie Munger Does Differently," inc.com, 2019, `www.inc.com/michael-simmons/what-self-made-billionaire-charlie-munger-does-differently.html`

[2] Carol McDonald; "How to Get Started Using Apache Spark GraphX with Scala," mapr.com, 2015, `https://mapr.com/blog/how-get-started-using-apache-spark-graphx-scala/`

[3] Nvidia; "Graph Analytics," developer.nvidia.com, 2019, `https://developer.nvidia.com/discover/graph-analytics`

[4] MathWorks; "Directed and Undirected Graphs," mathworks.com, 2019, `www.mathworks.com/help/matlab/math/directed-and-undirected-graphs.html`

[5] Rishi Yadav; "Chapter 11, Graph Processing using GraphX and GraphFrames," Packt Publishing, 2017, Apache Spark 2.x Cookbook

[6] Walker Rowe; "Use Cases for Graph Databases," bmc.com, 2019, `www.bmc.com/blogs/graph-database-use-cases/`

[7] Rob Perry; "Data Lineage: The Key to Total GDPR Compliance," insidebigdata.com, 2018, `https://insidebigdata.com/2018/01/29/data-lineage-key-total-gdpr-compliance/`

[8] Avery Ching et al.; "One Trillion Edges: Graph Processing at Facebook-Scale," research.fb.com, 2015, `https://research.fb.com/publications/one-trillion-edges-graph-processing-at-facebook-scale/`

[9] Mohammed Guller; "Graph Processing with Spark," Apress, 2015, Big Data Analytics with Spark

[10] Spark; "The Property Graph," spark.apache.org, 2015, `https://`

spark.apache.org/docs/latest/graphx-programming-guide.
html#the-property-graph

[11]　Spark; "Example Property Graph," spark.apache.org, 2019,
https://spark.apache.org/docs/latest/graphx-programming-
guide.html#the-property-graph

[12]　Spark; "Map Reduce Triplets Transition Guide," spark.apache.
org, 2019, https://spark.apache.org/docs/latest/graphx-
programming-guide.html#the-property-graph

[13]　Carol McDonald; "How to Get Started Using Apache Spark
GraphX with Scala," mapr.com, 2015, https://mapr.com/blog/
how-get-started-using-apache-spark-graphx-scala/

[14]　Ankur Dave et al.; "Introducing GraphFrames," Databricks.com,
2016, https://databricks.com/blog/2016/03/03/introducing-
graphframes.html

[15]　Rishi Yadav; "Chapter 11, Graph Processing Using GraphX
and GraphFrames," Packt Publishing, 2017, Apache Spark 2.x
Cookbook

第 7 章

深度学习

如果 Minsky 和 Papert 提出了解决这个问题的方案，而不是直接宣布感知机算法不可行，那么他们会做出更大的贡献。

——Francis Crick[1]

深度学习是机器学习和人工智能的一个子领域，它使用深度、多层人工神经网络。由于它能够像人类一样非常精确地执行许多复杂的任务，所以最近非常流行。深度学习领域的进步为计算机视觉、语音识别、游戏和异常检测等领域带来了令人兴奋的可能性。GPU（图形处理单元）的主流可用性几乎在一夜之间推动了人工智能的全球应用。高性能计算已经足够强大，使得几年前看起来不可能完成的任务现在可以在多 GPU 云实例或廉价机器集群上执行。这使得人工智能领域的众多创新得以以过去不可能的速度发展。

最近人工智能领域的许多突破都归功于深度学习。虽然深度学习可以用于更普通的分类任务，但当它应用于更复杂的问题，如医疗诊断、面部识别、自动驾驶汽车、欺诈分析和智能语音控制助手时，它的真正威力才会显现出来[2]。在某些领域，深度学习已经使计算机的能力赶上甚至超过人类。例如，凭借深度学习，谷歌 DeepMind 的 AlphaGo 程序在围棋中击败了韩国大师李世石（Lee Se-dol）。围棋是人类发明的最复杂的棋类游戏之一，它比国际象棋等其他棋类游戏要复杂得多。它有 10 的 170 次方个可能的棋盘组合，这个数字比宇宙中原子的数量还要多[3]。另一个很好的例子是特斯拉。特斯拉使用深度学习 [4] 为其自动驾驶功能赋能，处理来自其制造的每一辆汽车上内置的几个环绕摄像头、超声波传感器和前置雷达的数据。为了向其深度神经网络提供高性能处理能力，特斯拉在其自动驾驶汽车上安装了一台使用其人工智能芯片的计算机，该计算机配有 GPU、CPU 和深度学习加速器，每秒可执行最多 144 万亿次操作 [5]。

与其他机器学习算法类似，深度神经网络通常在获得更多训练数据时表现更好。这就是 Sprak 所要做的事。尽管 Spark MLlib 包含了大量的机器学习算法，但在撰写本书时，它对深度学习的支持仍然有限（Spark MLlib 包括一个多层感知机分类器，一个完全连接的前馈神经网络，仅限于训练浅网络和执行迁移学习）。然而，多亏了开发者社区以及像谷歌和 Facebook 这样的公司，有几个第三方分布式的深度学习库和框架可以与 Spark 集成。我们将探索其中一些最受欢迎的框架。在本章中，我将重点讨论最流行的深度学习框架之一：Keras。对于分布式深度学习，我们将使用 Elephas 和分布式 Keras（Dist-Keras）。在本章中我们将使用 Python 语言进行示例，在分布式深度学习示例中我们会使用 PySpark 库。

7.1 神经网络

神经网络是一种算法，它像人脑中相互连接的神经元那样运行。神经网络包含由相互连接的节点组成的多层结构。通常有一个输入层、一个或多个隐藏层和一个输出层（如图 7-1 所示）。数据通过输入层进入神经网络。隐藏层通过加权连接网络处理数据，隐藏层中的节点为输入分配权重，并将其与一组系数组合在一起。数据通过节点的激活函数来决定层的输出。最后，数据到达输出层，输出层产生神经网络的最终输出 [6]。

有多个隐藏层的神经网络被称为"深度"神经网络。层次越多，网络越深。一般来说，网络越深，学习就变得越复杂，它能解决的问题也就越复杂。这使得深度神经网络能够达到目前最高的准确率。神经网络有几种类型：前馈神经网络、循环神经网络和自编码器神经网络，每一种都有自己的功能，并为不同的目的而设计。

前馈神经网络或多层感知机可以很好地处理结构化数据。对于音频、时间序列或文本等顺序数据来说，循环神经网络是一个很好的选择[7]。自编码器是用于异常检测和降维的一个很好的选择。卷积神经网络是神经网络的一种，它在计算机视觉领域具有革命性的性能，近年来在世界范围内引起了轰动。

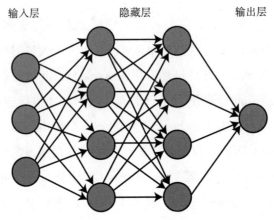

图 7-1   一个简单的神经网络

7.2   神经网络的简短历史

第一个神经网络，McCulloch-Pitts 神经网络，是由 Warren McCulloch 和 Walter Pitts 在 1943 年开发的，Warren McCulloch 和 Walter Pitts 在他们的开创性论文 "A Logical Calculus of the Idea Immanent in Nervous Activity" 中对神经网络进行了描述[8]。McCulloch-Pitts 神经网络与现代神经网络并不相似，但它是为我们今天所知的人工智能的诞生铺平道路的种子。感知机是由 Frank Rosenblatt 于 1958 年引入的，是神经网络领域的下一个革命性的发展。Rosenblatt 感知机是一个简单的用于二分类的单层神经网络。它是在康奈尔航空实验室构想出来的，最初使用 IBM 704 进行软件模拟。Rosenblatt 的工作在 Mark I 感知机的创造中达到了顶峰，这是一个为图像识别而设计的定制机器。20 世纪 60 年代末，在 Marvin Minsky 和 Seymour Papert 出版了 *Perceptrons* 之后，人们对感知机的兴趣开始减弱，这本极具影响力的书阐述了感知机的局限性，特别是它无法学习非线性函数[9]。Minsky 和 Papert 对连接主义模型过分热情，有时甚至怀有敌意（多年后他们也承认了）[10] 使得 20 世纪 80 年代的人工智能进入了寒冬，这是人工智能研究兴趣和资金减少的时期。支持向量机（SVM）和图模型的成功，以及符号主义人工智能（20 世纪 50 年代到 20 世纪 80 年代末流行的人工智能范式）的日益普及，在一定程度上进一步加剧了这种情况[11]。尽管如此，许多科学家和研究人员，如 Jim Anderson、David Willshaw 以及 Stephen Grossberg，仍在悄悄地继续他们对神经网络的研究。1975 年，福岛邦彦（Kunihiko Fukushima）作为日本放送协会（NHK）科学技术研究实验室（位于日本东京世田谷区）的研究科学家，开发了第一个多层神经网络——新认知神经网络（neocognitron）[12]。

　　神经网络在 20 世纪 80 年代中期再度兴起，在此期间，许多对现代深度学习至关重要的基本概念和技术都是由一些这个年代的先行者发明的。1986 年，Geoffrey Hinton（被许多人认为是"AI 教父"）推广了反向传播，这是神经网络学习的基本方法，也是几乎所有现代神经网络实现的核心[13]。同样重要的是，Hinton 和他的团队推广了使用多层神经网络来学习非线性函数的想法，直接解决了 Minsky 和 Papert 对感知机的批评[14]。Hinton 的工作有助于将神经网络从默默无闻中带回到聚光灯下。Yann LeCun 受到福岛新认知电子的启发，在 20 世纪 80 年代末开发了卷积神经网络。1988 年，在 AT&T 贝尔实验室工作的 Yann LeCun 使用卷积神经网络来识别手写字符。AT&T 将该系统出售给银行，用于阅读和识别支票上的笔迹，被认为是神经网络在现实世界中的首批应用之一[15]。Yoshua Bengio 因其引入单词嵌入的概念以及最近与 Ian Goodfellow 在生成对抗网络（GAN）上的合作而闻名，GAN 是一种深度神经网络架构，由两个相互对立或"对抗"的神经网络组成。Yann LeCun 将对抗训练描述为"过去 10 年机器学习领域最有趣的想法"[16]。三位先驱者最近获得了 2018 年图灵奖。

　　尽管有了这些创新，神经网络的实际应用仍然对每个人都是遥不可及的，因为大公司和资金充足的大学训练它们需要大量的计算资源。正是廉价、高性能 GPU 的广泛使用，将神经网络推向了主流。神经网络以前被认为是不可扩展的，训练起来也不现实，但现在它突然开始在计算机视觉、语音识别、游戏和其他历史上非常困难的机器学习任务领域，可以使用 GPU 实现异常精确的类人性能。2012 年，由 Alex Krizhevsky、Ilya Sutskever 和 Geoff Hinton 共同开发的基于 GPU 训练的卷积神经网络 AlexNet 在 ImageNet 大型视觉识别大赛中胜出，引起了全世界的关注[17]。赢得比赛的还有其他 GPU 训练的卷积神经网络，但 AlexNet 破纪录的准确率吸引了所有人的注意力。它以很大的差距赢得了比赛，比第二名的误差低了 10.8 个百分点，领先第五名的误差为 15.3%[18]。AlexNet 还推广了目前在大多数卷积神经网络架构中常见的大部分原则，如使用修正线性单元（ReLU）激活函数，使用 dropout 和数据增强来减少过拟合、重叠池化和在多个 GPU 上的训练。

最近，学术界和私营部门在人工智能领域都出现了前所未有的创新。谷歌、亚马逊、微软、Facebook、IBM、特斯拉、英伟达等公司正在深度学习领域投入大量资源，进一步推动人工智能的边界。斯坦福大学、卡内基梅隆大学、麻省理工学院等一流大学，以及 OpenAI 和艾伦人工智能研究所等研究机构，都在以惊人的速度发表开创性的研究成果。在全球范围内，令人印象深刻的创新在中国、加拿大、英国和澳大利亚等国家不断涌现。

7.3　卷积神经网络

卷积神经网络（convnet 或简称 CNN）是一种特别擅长分析图像的神经网络（尽管它们也可以应用于音频和文本数据）。卷积神经网络各层中的神经元按高度、宽度和深度三个维度排列。CNN 使用卷积层来学习其输入特征空间（图像）中的局部模式，如纹理和边缘。相反，全连接（稠密）层学习全局模式[19]。卷积层中的神经元只连接到它之前层的一个小区域，而不是像稠密层那样连接到所有的神经元。稠密层的全连接结构会导致参数数量非常大，效率很低，并且会很快导致过拟合[20]。

在我们继续讨论卷积神经网络之前，理解颜色模型的概念是很重要的。图像被表示为像素的集合[21]。像素是构成图像的最小信息单位。灰度图像的像素值从 0（黑色）到 255（白色），如图 7-2a 所示。灰度图像只有一个通道。RGB 是最传统的颜色型号。RGB 图像有 3 个通道：红、绿、蓝。这意味着 RGB 图像中的每个像素都由 3

个 8 位数字表示（如图 7-2b 所示），每个数字的范围从 0 到 255。使用这些通道的不同组合可以显示不同的颜色

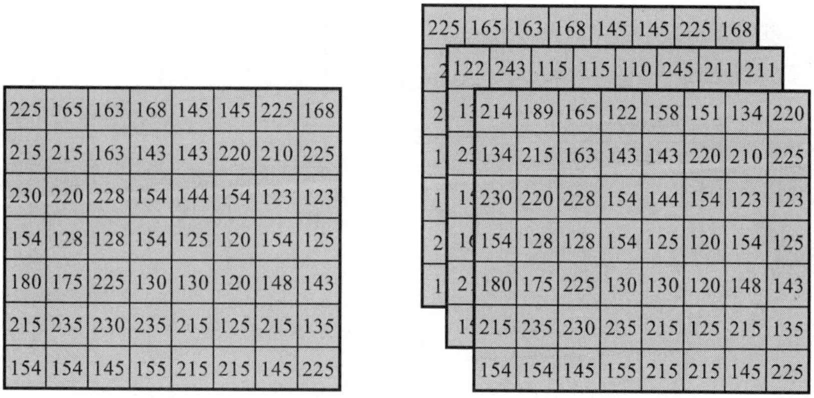

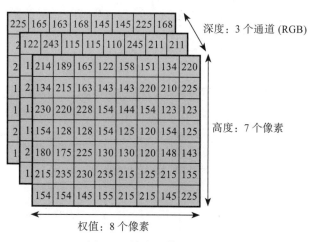

图 7-2　灰度和 RGB 图像

卷积神经网络接受三维形状张量作为输入：图像高度、权值和深度（如图 7-4）。图像的深度是通道的数量。对于灰度图像，深度为 1，而对于 RGB 图像，深度为 3。图 7-3 中图像的输入形状为（7,8,3）。

图 7-3　单个图像的输入形状

卷积神经网络架构

图 7-4 显示了典型的 CNN 架构。CNN 由几层组成，每一层都试图识别和学习不同的特征。层的主要类型有卷积层、池化层和全连接层。层可以进一步分为两大类：特征检测层和分类层。

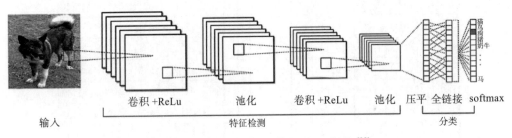

图 7-4　用于分类动物图像的 CNN 架构 [22]

1. 特征检测层

（1）卷积层

卷积层是卷积神经网络的主要组成部分。卷积层通过一系列卷积核或过滤器运行输入图像，激活输入图像的某些特征。卷积是一种数学运算，当核在输入特征图上滑动（或大步移动）时，在输入元素和核元素重叠的每个位置执行元素的乘法，添加结果以在当前位置生成输出。每个步幅都重复这个过程，生成一个称为输出特征图（output feature map）的最终结果 [23]。图 7-5 显示了一个 3×3 的卷积核。图 7-6 显示了一个 2D 卷积，其中我们的 3×3 核被应用到一个 5×5 的输入特征图上，得到一个 3×3 的输出特征图。我们使用 1 的步幅，这意味着核从当前位置移动一个像素到下一个像素。

2	0	1
1	2	0
2	2	1

图 7-5　一个 3×3 的卷积核

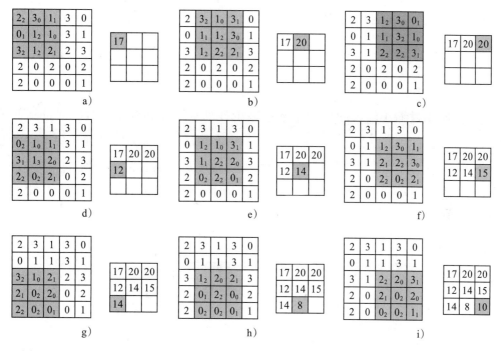

图 7-6 一个 3×3 核应用于一个 5×5 输入特征图（25 个特征）的 2D 卷积，得到一个
3×3 输出特征图（9 个输出特征）

对于 RGB 图像，3D 卷积涉及每个输入通道的一个核（总共 3 个核）。所有结果都被添加到一个输出中。添加偏差项，帮助激活函数更好地拟合数据，创建最终的输出特征图。

（2）修正线性单元激活函数

修正线性单元（ReLU）激活函数的通常做法是在每个卷积层之后包含一个激活层。激活函数也可以通过所有前向层支持的激活参数来指定。激活函数将节点的输入转换为作为下一层输入的输出信号。激活函数通过向神经网络引入非线性特征，使得神经网络能够学习更复杂的数据，如图像、音频和文本，从而变得更加强大。如果没有激活函数，则神经网络只是一个过于复杂的线性回归模型，只能处理简单的线性问题[24]。sigmoid 函数和 tanh 函数也是常见的激活层函数。ReLU 是大多数神经网络最常用和首选的激活函数。ReLU 将返回接收到的任何正输入的值，但如果接收到的是负输入，则返回 0。ReLU 被认为有助于加速模型训练，但对准确率没有显著影响。

（3）池化层

池化层通过缩小输入图像的维数来减少计算复杂度和参数计数。通过降低维数，池化层也有助于控制过拟合。通常在每个卷积层之后插入一个池化层。有两种主要的池：平均池和最大池。平均池使用每个池区域所有值的平均值（如图 7-7b)，而最大池使用最大值（如图 7-7a)。在一些架构中，使用较大的步幅比使用池化层更可取。

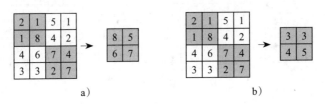

图 7-7　最大池和平均池

2. 分类层

（1）压平层

压平层将二维矩阵转换为一维向量，然后将数据输入全连接稠密层。

（2）全连接层

全连接层，也称为稠密层，接收来自压平层的数据，并输出包含每个类别的概率的向量。

（3）dropout 层

在训练过程中，一个"dropout 层"会随机地使网络中的一些神经元失活。dropout 是一种正则化的形式，可以帮助降低模型的复杂性，防止过拟合。

（4）softmax 和 sigmoid 函数

最后一个稠密层提供分类输出。它使用 softmax 函数处理多类别分类任务，或使用 sigmoid 函数处理二元分类任务。

7.4 深度学习框架

7.4.1 TensorFlow

TensorFlow 是目前最流行的深度学习框架。它是由谷歌开发的，作为 Theano 的替代品。Theano 的一些原始开发者去谷歌开发了 TensorFlow。TensorFlow 提供了一个运行在 C/C++ 开发的引擎上的 Python API。

7.4.2 Theano

Theano 是最早的开源深度学习框架之一。它最初于 2007 年由蒙特利尔大学的蒙特利尔学习算法研究所（MILA）发布。2017 年 9 月，Yoshua Bengio 正式宣布停止对 Theano 的开发 [25]。

7.4.3 PyTorch

PyTorch 是一个开源的深度学习库，由 Facebook 人工智能研究（FAIR）部门开发。PyTorch 的用户接受度最近一直在飙升，是第三大最流行的框架，仅次于 TensorFlow 和 Keras。

7.4.4 DeepLearning4J

DeepLearning4J 是用 Java 编写的深度学习库。它与基于 JVM 的语言（如 Scala）兼容，并与 Spark 和 Hadoop 集成。它使用自己的开源科学计算库 ND4J，而不是 Breeze。对于喜欢使用 Java 或 Scala 而不是使用 Python 进行深度学习的开发人员来说，DeepLearning4J 是一个不错的选择（尽管 DeepLearning4J 有一个使用 Keras 的

Python API）

7.4.5　CNTK

CNTK，也被称为微软认知工具包，是微软研究院在 2015 年 4 月开发的一个深度学习库。它使用一系列的计算步骤从而让一个有向图来描述一个神经网络。CNTK 支持跨多个 GPU 和服务器的分布式深度学习。

7.4.6　Keras

Keras 是由 Francois Chollet 在谷歌开发的高级深度学习框架。它提供了一个简单的、模块化的 API，可以运行在 TensorFlow、Theano 和 CNTK 之上。它拥有广泛的工业和社区采用，具有一个充满活力的生态系统。Keras 模型可以部署在 iOS 和 Android 设备上，也可以通过 Keras 部署在浏览器中。js 和 WebDNN 可以在谷歌云上，还可以在 JVM 上通过 Skymind 的 DL4J 导入功能，甚至可以部署在 Raspberry Pi 上。Keras 开发主要由谷歌支持，但也有微软、亚马逊、英伟达、优步和苹果等公司作为主要项目贡献者。Keras 和其他框架一样，它有出色的多 GPU 支持。对于最复杂的深度神经网络，Keras 通过 Horovod、谷歌云上的 GPU 集群支持分布式训练，通过 Dist-Keras 和 Elephas 支持 Spark。

7.4.7　使用 Keras 进行深度学习

我们将使用带有 TensorFlow 的 Keras Python API 作为所有深度学习示例的后端。在本章后面的分布式深度学习示例中，我们将使用基于 Elephas 和 Dist-Keras 的 PySpark。

1. 多类别分类使用 Iris 数据集

我们将为第一个神经网络分类 [26] 任务使用一个熟悉的数据集（见清单 7-1）。如前所述，我们将在本章的所有示例中使用 Python。

清单 7-1　基于 Iris 数据集的 Keras 多类别分类

```python
import numpy as np

from keras.models import Sequential
from keras.optimizers import Adam
from keras.layers import Dense

from sklearn.model_selection import train_test_split
from sklearn.preprocessing import OneHotEncoder
from sklearn.datasets import load_iris

# Load the Iris dataset.
iris_data = load_iris()

x = iris_data.data

# Inspect the data. We'll truncate
# the output for brevity.
print(x)
[[5.1 3.5 1.4 0.2]
 [4.9 3.  1.4 0.2]
 [4.7 3.2 1.3 0.2]
 [4.6 3.1 1.5 0.2]
 [5.  3.6 1.4 0.2]
 [5.4 3.9 1.7 0.4]
 [4.6 3.4 1.4 0.3]
 [5.  3.4 1.5 0.2]
 [4.4 2.9 1.4 0.2]
 [4.9 3.1 1.5 0.1]]

# Convert the class label into a single column.
y = iris_data.target.reshape(-1, 1)

# Inspect the class labels. We'll truncate
# the output for brevity.
print(y)
[[0]
 [0]
 [0]
 [0]
 [0]
 [0]
 [0]
 [0]
 [0]
 [0]]
```

```
# It's considered best practice to one-hot encode the class labels
# when using neural networks for multiclass classification tasks.

encoder = OneHotEncoder(sparse=False)
enc_y = encoder.fit_transform(y)
print(enc_y)

[[1. 0. 0.]
 [1. 0. 0.]
 [1. 0. 0.]
 [1. 0. 0.]
 [1. 0. 0.]
 [1. 0. 0.]
 [1. 0. 0.]
 [1. 0. 0.]
 [1. 0. 0.]
 [1. 0. 0.]]

# Split the data for training and testing.
# 70% for training dataset, 30% for test dataset.

train_x, test_x, train_y, test_y = train_test_split(x, enc_y, test_size=0.30)

# Define the model.

# We instantiate a Sequential model consisting of a linear stack of layers.
# Since we are dealing with a one-dimensional feature vector, we will use
# dense layers in our network. We use convolutional layers later in the
# chapter when working with images.

# We use ReLU as the activation function on our fully connected layers.
# We can name any layer by passing the name argument. We pass the number
# of features to the input_shape argument, which is 4 (petal_length,
# petal_width, sepal_length, sepal_width)

model = Sequential()
model.add(Dense(10, input_shape=(4,), activation='relu', name='fclayer1'))
model.add(Dense(10, activation='relu', name='fclayer2'))

# We use softmax activation function in our output layer. As discussed,
# using softmax activation layer allows the model to perform multiclass
# classification. For binary classification, use the sigmoid activation
# function instead. We specify the number of class, which in our case is 3.

model.add(Dense(3, activation='softmax', name='output'))

# Compile the model. We use categorical_crossentropy for multiclass
# classification. For binary classification, use binary_crossentropy.

model.compile(loss='categorical_crossentropy', optimizer='adam',
metrics=['accuracy'])
```

```
# Display the model summary.

print(model.summary())

Model: "sequential_1"
```

Layer (type)	Output Shape	Param #
fclayer1 (Dense)	(None, 10)	50
fclayer2 (Dense)	(None, 10)	110
output (Dense)	(None, 3)	33

```
Total params: 193
Trainable params: 193
Non-trainable params: 0
```

```
None

# Train the model on training dataset with epochs set to 100
# and batch size to 5. The output is edited for brevity.

model.fit(train_x, train_y, verbose=2, batch_size=5, epochs=100)
Epoch 1/100
 - 2s - loss: 1.3349 - acc: 0.3333
Epoch 2/100
 - 0s - loss: 1.1220 - acc: 0.2952
Epoch 3/100
 - 0s - loss: 1.0706 - acc: 0.3429

Epoch 4/100
 - 0s - loss: 1.0511 - acc: 0.3810
Epoch 5/100
 - 0s - loss: 1.0353 - acc: 0.3810
Epoch 6/100
 - 0s - loss: 1.0175 - acc: 0.3810
Epoch 7/100
 - 0s - loss: 1.0013 - acc: 0.4000
Epoch 8/100
 - 0s - loss: 0.9807 - acc: 0.4857
Epoch 9/100
 - 0s - loss: 0.9614 - acc: 0.6667
Epoch 10/100
 - 0s - loss: 0.9322 - acc: 0.6857
...
Epoch 97/100
 - 0s - loss: 0.1510 - acc: 0.9524
```

```
Epoch 98/100
 - 0s - loss: 0.1461 - acc: 0.9810
Epoch 99/100
 - 0s - loss: 0.1423 - acc: 0.9810
Epoch 100/100
 - 0s - loss: 0.1447 - acc: 0.9810
<keras.callbacks.History object at 0x7fbb93a50510>

# Test on test dataset.
results = model.evaluate(test_x, test_y)
45/45 [==============================] - 0s 586us/step

print('Accuracy: {:4f}'.format(results[1]))
Accuracy: 0.933333
```

然而，神经网络在处理涉及非结构化数据（如图像）的更复杂问题时才真正发挥作用。在下一个示例中，我们将使用卷积神经网络来执行手写数字识别。

2. 手写数字识别与 MNIST

MNIST 数据集是来自美国国家标准和技术协会（NIST）的手写数字图像数据库。数据集包含 70 000 个图像，其中 60 000 个图像用于训练，10 000 个图像用于测试。它们都是 0 到 9 的 28×28 灰度图像（如图 7-8）。参见清单 7-2。

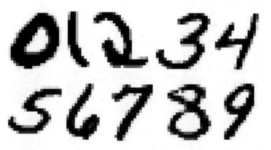

图 7-8　MNIST 数据库中手写数字的样本图像

清单 7-2　使用 Keras 识别 MNIST 中的手写数字

```
import keras
import matplotlib.pyplot as plt

from keras.datasets import mnist
```

```python
from keras.models import Sequential
from keras.layers import Dense, Conv2D, Dropout, Flatten, MaxPooling2D

# Download MNIST data.

(x_train, y_train), (x_test, y_test) = mnist.load_data()

image_idx = 400
print(y_train[image_idx])

# Inspect the data.

2
plt.imshow(x_train[image_idx], cmap='Greys')
plt.show()
```

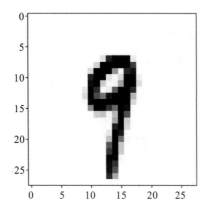

```python
# Check another number.

image_idx = 600
print(y_train[image_idx])
9

plt.imshow(x_train[image_idx], cmap='Greys')
plt.show()
```

```
# Get the "shape" of the dataset.
x_train.shape
(60000, 28, 28)

# Let's reshape the array to 4-dims so that it can work with Keras.
# The images are 28 x 28 grayscale. The last parameter, 1, indicates
# that images are grayscale. For RGB, set the parameter to 3.

x_train = x_train.reshape(x_train.shape[0], 28, 28, 1)
x_test = x_test.reshape(x_test.shape[0], 28, 28, 1)

# Convert the values to float before division.

x_train = x_train.astype('float32')
x_test = x_test.astype('float32')

# Normalize the RGB codes.

x_train /= 255
x_test /= 255
print'x_train shape: ', x_train.shape
x_train shape:  60000, 28, 28, 1

print'No. of images in training dataset: ', x_train.shape[0]
No. of images in training dataset:  60000

print'No. of images in test dataset: ', x_test.shape[0]
No. of images in test dataset:  10000

# Convert class vectors to binary class matrices. We also pass
# the number of classes (10).

y_train = keras.utils.to_categorical(y_train, 10)
y_test = keras.utils.to_categorical(y_test, 10)

# Build the CNN. Create a Sequential model and add the layers.

model = Sequential()
model.add(Conv2D(28, kernel_size=(3,3), input_shape= (28,28,1),
name='convlayer1'))

# Reduce the dimensionality using max pooling.

model.add(MaxPooling2D(pool_size=(2, 2)))

# Next we need to flatten the two-dimensional arrays into a one-dimensional
feature vector. This will allow us to perform classification.

model.add(Flatten())
model.add(Dense(128, activation='relu',name='fclayer1'))

# Before we classify the data, we use a dropout layer to randomly
# deactivate some of the neurons. Dropout is a form of regularization
```

```
# used to help reduce model complexity and prevent overfitting.

model.add(Dropout(0.2))

# We add the final layer. The softmax layer (multinomial logistic
# regression) should have the total number of classes as parameter.
# In this case the number of parameters is the number of digits (0-9)
# which is 10.

model.add(Dense(10,activation='softmax', name='output'))

# Compile the model.

model.compile(optimizer='adam', loss='categorical_crossentropy',
metrics=['accuracy'])

# Train the model.

model.fit(x_train,y_train,batch_size=128, verbose=1, epochs=20)
Epoch 1/20
60000/60000 [==============================] - 11s 180us/step - loss:
0.2742 - acc: 0.9195
Epoch 2/20
60000/60000 [==============================] - 9s 144us/step - loss:
0.1060 - acc: 0.9682
Epoch 3/20
60000/60000 [==============================] - 9s 143us/step - loss:
0.0731 - acc: 0.9781
Epoch 4/20
60000/60000 [==============================] - 9s 144us/step - loss:
0.0541 - acc: 0.9830
Epoch 5/20
60000/60000 [==============================] - 9s 143us/step - loss:
0.0409 - acc: 0.9877
Epoch 6/20
60000/60000 [==============================] - 9s 144us/step - loss:
0.0337 - acc: 0.9894
Epoch 7/20
60000/60000 [==============================] - 9s 143us/step - loss:
0.0279 - acc: 0.9910
Epoch 8/20
60000/60000 [==============================] - 9s 144us/step - loss:
0.0236 - acc: 0.9922
Epoch 9/20
60000/60000 [==============================] - 9s 143us/step - loss:
0.0200 - acc: 0.9935
Epoch 10/20
60000/60000 [==============================] - 9s 144us/step - loss:
```

```
0.0173 - acc: 0.9940
Epoch 11/20
60000/60000 [==============================] - 9s 143us/step - loss:
0.0163 - acc: 0.9945
Epoch 12/20
60000/60000 [==============================] - 9s 143us/step - loss:
0.0125 - acc: 0.9961
Epoch 13/20
60000/60000 [==============================] - 9s 143us/step - loss:
0.0129 - acc: 0.9956
Epoch 14/20
60000/60000 [==============================] - 9s 144us/step - loss:
0.0125 - acc: 0.9958
Epoch 15/20
60000/60000 [==============================] - 9s 144us/step - loss:
0.0102 - acc: 0.9968
Epoch 16/20
60000/60000 [==============================] - 9s 143us/step - loss:
0.0101 - acc: 0.9964
Epoch 17/20
60000/60000 [==============================] - 9s 143us/step - loss:
0.0096 - acc: 0.9969
Epoch 18/20
60000/60000 [==============================] - 9s 143us/step - loss:
0.0096 - acc: 0.9968
Epoch 19/20
60000/60000 [==============================] - 9s 142us/step - loss:
0.0090 - acc: 0.9972
Epoch 20/20
60000/60000 [==============================] - 9s 144us/step - loss:
0.0097 - acc: 0.9966
<keras.callbacks.History object at 0x7fc63d629850>

# Evaluate the model.

evalscore = model.evaluate(x_test, y_test, verbose=0)
print'Test accuracy: ', evalscore[1]
Test accuracy:  0.9851
print'Test loss: ', evalscore[0]
Test loss:  0.06053220131823819

# Let's try recognizing some digits.

image_idx = 6700
plt.imshow(x_test[image_idx].reshape(28, 28),cmap='Greys')
plt.show()
```

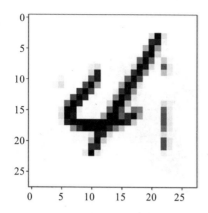

```
pred = model.predict(x_test[image_idx].reshape(1, 28, 28, 1))
print(pred.argmax())
4

image_idx = 8200
plt.imshow(x_test[image_idx].reshape(28, 28),cmap='Greys')
plt.show()
```

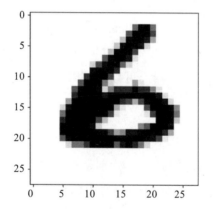

```
pred = model.predict(x_test[image_idx].reshape(1, 28, 28, 1))
print(pred.argmax())
6

image_idx = 8735
plt.imshow(x_test[image_idx].reshape(28, 28),cmap='Greys')
plt.show()

pred = model.predict(x_test[image_idx].reshape(1, 28, 28, 1))
print(pred.argmax())
8
```

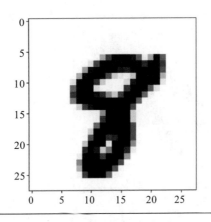

恭喜你！我们的模型能够准确地识别数字。

7.5　Spark 分布式深度学习

训练像多目标探测器这样的复杂模型可能需要数小时、数天甚至数周的时间。在大多数情况下，一台多 GPU 机器足以在合理的时间内训练大型模型。对于要求更高的工作负载，将计算分散到多台机器上可以显著减少训练时间，支持快速迭代实验和加速深度学习部署。

Spark 的并行计算和大数据能力使其成为分布式深度学习的理想平台。使用 Spark 进行分布式深度学习有额外的好处，特别是如果你已经拥有一个 Spark 集群的话。Spark 可以方便地分析存储在同一个集群中的大量数据，比如 HDFS、Hive、Impala 或 HBase。你可能还希望与运行在同一集群中的其他类型的工作负载共享结果，如业务智能、机器学习、ETL 和特征工程 [27]。

7.5.1　模型并行与数据并行

神经网络的分布式训练主要有两种方法：模型并行和数据并行。在数据并行中，分布式环境中的每个服务器获得模型的完整副本，但只获得数据的一部分。通过在完整数据集的切片上复制模型，可以在每个服务器本地上执行训练（如图 7-9a）。在模型并行性中，模型被分割到不同的服务器上（如图 7-9b）。每个服务器被分配并负责处理单个神经网络的不同部分，比如一个层 [28]。由于它简单且易于实现，数据并行通常更受欢迎。但是，当训练模型太大，单个机器无法容纳时，模型并行是首选的。DistBelief 是谷歌用于大规模分布式深度学习的框架，支持模型并行和数据并行。来自优步的分布式训练框架 Horovod 也支持模型并行和数据并行。

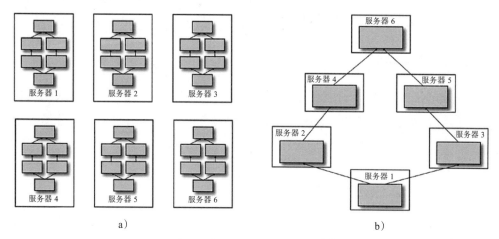

图 7-9 模型并行与数据并行 [29]

7.5.2 Spark 分布式深度学习框架

感谢第三方贡献者，尽管 Spark 的深度学习支持仍在开发中，但已经有几个外部分布式深度学习框架运行在 Spark 上。在本书中我们将描述最受欢迎的框架。

1. 深度学习管道

深度学习管道是 Databricks（该公司由创建 Spark 的同一个人创建）提供的第三方包，提供集成到 Spark ML Pipelines 的 API 中的深度学习功能。深度学习管道的 API 使用 TensorFlow 和基于 TensorFlow 的 Keras 作为后端。它包含一个 ImageSchema，可用于将图像加载到 Spark DataFrame 中。它支持迁移学习、分布式超参数调优和作为 SQL 函数部署模型 [30]。在撰写本书时，深度学习管道仍在积极开发中。

2. BigDL

BigDL 是一个来自英特尔的 Apache Spark 分布式深度学习库。与大多数深度学习框架不同的是，它只支持 CPU。它使用多线程和英特尔的深度神经网络数学内核库（Intel MKLDNN），这是一个开源库，用于加速英特尔架构上的深度学习框架的性能。它的性能据说可以与传统 GPU 相媲美。

3. CaffeOnSpark

CaffeOnSpark 是雅虎开发的深度学习框架。它是 Caffe 的一个分布式扩展，设计用于运行在 Spark 集群上。CaffeOnSpark 在雅虎内部被广泛用于内容分类和图像搜索。

4. TensorFlowOnSpark

TensorFlowOnSpark 是雅虎开发的另一个深度学习框架。它支持使用 Spark 进行分布式 TensorFlow 推断和训练。它集成了 Spark ML Pipelines，支持模型并行和数据并行，并且支持异步训练和同步训练。

5. TensorFrames

TensorFrames 是一个实验库，它允许 TensorFlow 轻松地与 Spark 数据数据库一起工作。它支持 Scala 和 Python，并提供了一种有效的方式将数据从 Spark 传递到 TensorFlow，反之亦然。

6. Elephas

Elephas 是一个 Python 库，它扩展了 Keras，使之能够使用 Spark 实现高度可伸缩的分布式深度学习。由 Max Pumperla 开发的 Elephas 使用数据并行实现了分布式深度学习，并以其易用性和简单性而闻名。它也支持分布式超参数优化和集成模型的分布式训练。

7. Dist-Keras

分布式 Keras（Dist-Keras）是另一个运行在 Keras 和 Spark 上的分布式深度学习框架。它是由 CERN 的 Joeri Hermans 开发的。它支持 ADAG、动态 SGD、异步弹性平均 SGD（AEASGD）、异步弹性平均动量 SGD（AEAMSGD）、倾盆式 SGD 等分布式优化算法。

如前所述，本章将关注 Elephas 和 Dist-Keras。

7.6 Elephas：使用 Keras 和 Spark 进行分布式深度学习

Elephas 是一个 Python 库，它扩展了 Keras，使之能够使用 Spark 实现高度可伸缩的分布式深度学习。Keras 用户已经不再局限于单一多 GPU 机器，他们正在寻找方法来扩大模型训练，而不必重写他们现有的 Keras 程序。Elephas（和 Dist-Keras）提供了一种简单的方法来实现这一点。

Elephas 使用数据并行在多个服务器上分布 Keras 模型的训练。使用 Elephas，Keras 模型、数据和参数在驱动程序初始化之后被序列化并复制到工作节点。Spark 工作人员对其数据部分进行训练，然后将其梯度发回，并使用优化器同步或异步地更新主模型。

Elephas 的主要抽象是 SparkModel。Elephas 通过编译后的 Keras 模型来初始化 SparkModel。然后，你可以通过将 RDD 作为训练数据和选项（如 epoch 的数量、批大小、验证分割和冗长程度）传递来调用 fit 方法，这与你使用 Keras 的方式类似 [31]。你可以使用 spark-submit 或 pyspark 执行 Python 脚本。

```
from elephas.spark_model import SparkModel
from elephas.utils.rdd_utils import to_simple_rdd

rdd = to_simple_rdd(sc, x_train, y_train)

spark_model = SparkModel(model, frequency='epoch', mode='asynchronous')
spark_model.fit(rdd, epochs=10, batch_size=16, verbose=2, validation_
split=0.2)
```

使用基于 Keras 和 Spark 的 Elephas 来识别 MNIST 中的手写数字

我们将在 Elephas 的第一个示例中使用 MNIST 数据集 [32]。代码与前面使用 Keras 的示例相似，除了训练数据被转换为 Spark RDD，以及模型使用 Spark 进行训练。通过这种方式，你可以看到使用 Elephas 进行分布式深度学习是多么容易。我们将在示例中使用 pyspark。如清单 7-3 所示。

清单 7-3　使用 Elephas、Keras 和 Spark 进行深度学习

```
# Download MNIST data.

import keras
import matplotlib.pyplot as plt

from keras.datasets import mnist
from keras.models import Sequential
from keras.layers import Dense, Conv2D, Dropout, Flatten, MaxPooling2D
from elephas.spark_model import SparkModel
from elephas.utils.rdd_utils import to_simple_rdd

(x_train, y_train), (x_test, y_test) = mnist.load_data()

x_train.shape
(60000, 28, 28)

x_train = x_train.reshape(x_train.shape[0], 28, 28, 1)
x_test = x_test.reshape(x_test.shape[0], 28, 28, 1)

x_train = x_train.astype('float32')
x_test = x_test.astype('float32')

x_train /= 255
x_test /= 255

y_train = keras.utils.to_categorical(y_train, 10)
y_test = keras.utils.to_categorical(y_test, 10)

model = Sequential()
model.add(Conv2D(28, kernel_size=(3,3), input_shape= (28,28,1),
name='convlayer1'))
model.add(MaxPooling2D(pool_size=(2, 2)))
model.add(Flatten())
model.add(Dense(128, activation='relu',name='fclayer1'))
model.add(Dropout(0.2))
model.add(Dense(10,activation='softmax', name='output'))

print(model.summary())
```

```
Model: "sequential_1"
```

Layer (type)	Output Shape	Param #
convlayer1 (Conv2D)	(None, 26, 26, 28)	280
max_pooling2d_1 (MaxPooling2	(None, 13, 13, 28)	0
flatten_1 (Flatten)	(None, 4732)	0
fclayer1 (Dense)	(None, 128)	605824
dropout_1 (Dropout)	(None, 128)	0
output (Dense)	(None, 10)	1290

```
Total params: 607,394
Trainable params: 607,394
Non-trainable params: 0
```

None

```
# Compile the model.

model.compile(optimizer='adam', loss='categorical_crossentropy',
metrics=['accuracy'])

# Build RDD from features and labels.
rdd = to_simple_rdd(sc, x_train, y_train)

# Initialize SparkModel from Keras model and Spark context.
spark_model = SparkModel(model, frequency='epoch', mode='asynchronous')

# Train the Spark model.
spark_model.fit(rdd, epochs=20, batch_size=128, verbose=1, validation_
split=0.2)

# The output is edited for brevity.
15104/16051 [==========================>..] - ETA: 0s - loss: 0.0524 -
acc: 0.9852
 9088/16384 [===============>.............] - ETA: 2s - loss: 0.0687 -
acc: 0.9770
 9344/16384 [===============>.............] - ETA: 2s - loss: 0.0675 -
acc: 0.9774
15360/16051 [==========================>..] - ETA: 0s - loss: 0.0520 -
acc: 0.9852
 9600/16384 [===============>.............] - ETA: 2s - loss: 0.0662 -
```

```
acc: 0.9779
15616/16051 [============================>.] - ETA: 0s - loss: 0.0516 -
acc: 0.9852
 9856/16384 [=================>...........] - ETA: 1s - loss: 0.0655 -
acc: 0.9781
15872/16051 [============================>.] - ETA: 0s - loss: 0.0510 -
acc: 0.9854
10112/16384 [=================>...........] - ETA: 1s - loss: 0.0646 -
acc: 0.9782
10368/16384 [=================>...........] - ETA: 1s - loss: 0.0642 -
acc: 0.9784
10624/16384 [=================>...........] - ETA: 1s - loss: 0.0645 -
acc: 0.9784
10880/16384 [=================>...........] - ETA: 1s - loss: 0.0643 -
acc: 0.9787
11136/16384 [==================>..........] - ETA: 1s - loss: 0.0633 -
acc: 0.9790
11392/16384 [==================>..........] - ETA: 1s - loss: 0.0620 -
acc: 0.9795
16051/16051 [=============================] - 6s 370us/step - loss:
0.0509 - acc: 0.9854 - val_loss: 0.0593 - val_acc: 0.9833
127.0.0.1 - - [01/Sep/2019 23:18:57] "POST /update HTTP/1.1" 200 -

11648/16384 [===================>.........] - ETA: 1s - loss: 0.0623 -
acc: 0.9794
[Stage 0:=====================================>            (2 + 1)
/ 3]794
12288/16384 [====================>........] - ETA: 1s - loss: 0.0619 -
acc: 0.9798
12672/16384 [=====================>.......] - ETA: 1s - loss: 0.0615 -
acc: 0.9799
13056/16384 [=====================>.......] - ETA: 0s - loss: 0.0610 -
acc: 0.9799
13440/16384 [======================>......] - ETA: 0s - loss: 0.0598 -
acc: 0.9803
13824/16384 [=======================>.....] - ETA: 0s - loss: 0.0588 -
acc: 0.9806
14208/16384 [========================>....] - ETA: 0s - loss: 0.0581 -
acc: 0.9808
14592/16384 [========================>....] - ETA: 0s - loss: 0.0577 -
acc: 0.9809
14976/16384 [=========================>...] - ETA: 0s - loss: 0.0565 -
acc: 0.9812
15360/16384 [==========================>..] - ETA: 0s - loss: 0.0566 -
```

```
acc: 0.9811
15744/16384 [===========================>..] - ETA: 0s - loss: 0.0564 -
acc: 0.9813
16128/16384 [===========================>.] - ETA: 0s - loss: 0.0557 -
acc: 0.9815
16384/16384 [============================] - 5s 277us/step - loss:
0.0556 - acc: 0.9815 - val_loss: 0.0906 - val_acc: 0.9758
127.0.0.1 - - [01/Sep/2019 23:18:58] "POST /update HTTP/1.1" 200 -
>>> Async training complete.
127.0.0.1 - - [01/Sep/2019 23:18:58] "GET /parameters HTTP/1.1" 200 -
```

```
# Evaluate the Spark model.
```

```
evalscore = spark_model.master_network.evaluate(x_test, y_test, verbose=2)
print'Test accuracy: ', evalscore[1]
Test accuracy:  0.9644
print'Test loss: ', evalscore[0]
Test loss:  0.12604748902269639
```

```
# Perform test digit recognition using our Spark model.
```

```
image_idx = 6700
plt.imshow(x_test[image_idx].reshape(28, 28),cmap='Greys')
plt.show()
```

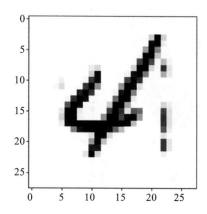

```
pred = spark_model.predict(x_test[image_idx].reshape(1, 28, 28, 1))
print(pred.argmax())
4
```

```
image_idx = 8200
plt.imshow(x_test[image_idx].reshape(28, 28),cmap='Greys')
plt.show()
```

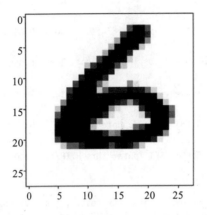

```
pred = spark_model.predict(x_test[image_idx].reshape(1, 28, 28, 1))
print(pred.argmax())
6

image_idx = 8735
plt.imshow(x_test[image_idx].reshape(28, 28),cmap='Greys')
plt.show()
```

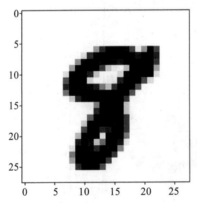

```
pred = spark_model.predict(x_test[image_idx].reshape(1, 28, 28, 1))
print(pred.argmax())
8
```

在示例中，我们使用 Python 从 numpy 数组中生成 RDD。这对于真正的大型数据集可能不可行。如果数据无法装入内存，最好使用 Spark 直接从分布式存储引擎（如 HDFS 或 S3）读取数据，并使用 Spark MLlib 的转换器和估计器执行所有预处理，从而创建 RDD。通过利用 Spark 的分布式处理功能来生成 RDD，你就拥有了一个完全分布式的深度学习平台。

　　Elephas 还支持使用 Spark MLlib 估计器和 Spark DataFrame 进行模型训练。你可以将估计器作为更大的 Spark MLlib 管道的一部分运行。参见清单 7-4。

清单 7-4　基于使用 DataFrame 的 Spark ML 估计器来训练模型

```
import keras
import matplotlib.pyplot as plt

from keras.datasets import mnist
from keras.models import Sequential
from keras.layers import Dense, Dropout
from keras import optimizers

from pyspark.sql.functions import rand
from pyspark.mllib.evaluation import MulticlassMetrics
from pyspark.ml import Pipeline

from elephas.ml_model import ElephasEstimator
from elephas.ml.adapter import to_data_frame
# Download MNIST data.
(x_train, y_train), (x_test, y_test) = mnist.load_data()

x_train.shape
#(60000, 28, 28)

# We will be using only dense layers for our network. Let's flatten
# the grayscale 28x28 images to a 784 vector (28x28x1 = 784).

x_train = x_train.reshape(60000, 784)
x_test = x_test.reshape(10000, 784)

x_train = x_train.astype('float32')
x_test = x_test.astype('float32')

x_train /= 255
x_test /= 255

y_train = keras.utils.to_categorical(y_train, 10)
y_test = keras.utils.to_categorical(y_test, 10)

# Since Spark DataFrames can't be created from three-dimensional
# data, we need to use dense layers when using Elephas and Keras
# with Spark DataFrames. Use RDDs if you need to use convolutional
# layers with Elephas.

model = Sequential()
model.add(Dense(128, input_dim=784, activation='relu', name='fclayer1'))
model.add(Dropout(0.2))
```

```
model.add(Dense(128, activation='relu',name='fclayer2'))
model.add(Dropout(0.2))
model.add(Dense(10,activation='softmax', name='output'))

# Build Spark DataFrames from features and labels.

df = to_data_frame(sc, x_train, y_train, categorical=True)

df.show(20,50)
+--------------------------------------------------+-----+
|                                          features|label|
+--------------------------------------------------+-----+
|[0.0,0.0,0.0,0.0,0.0,0.0,0.0,0.0,0.0,0.0,0.0,0....|  5.0|
|[0.0,0.0,0.0,0.0,0.0,0.0,0.0,0.0,0.0,0.0,0.0,0....|  0.0|
|[0.0,0.0,0.0,0.0,0.0,0.0,0.0,0.0,0.0,0.0,0.0,0....|  4.0|
|[0.0,0.0,0.0,0.0,0.0,0.0,0.0,0.0,0.0,0.0,0.0,0....|  1.0|
|[0.0,0.0,0.0,0.0,0.0,0.0,0.0,0.0,0.0,0.0,0.0,0....|  9.0|
|[0.0,0.0,0.0,0.0,0.0,0.0,0.0,0.0,0.0,0.0,0.0,0....|  2.0|
|[0.0,0.0,0.0,0.0,0.0,0.0,0.0,0.0,0.0,0.0,0.0,0....|  1.0|
|[0.0,0.0,0.0,0.0,0.0,0.0,0.0,0.0,0.0,0.0,0.0,0....|  3.0|
|[0.0,0.0,0.0,0.0,0.0,0.0,0.0,0.0,0.0,0.0,0.0,0....|  1.0|
|[0.0,0.0,0.0,0.0,0.0,0.0,0.0,0.0,0.0,0.0,0.0,0....|  4.0|
|[0.0,0.0,0.0,0.0,0.0,0.0,0.0,0.0,0.0,0.0,0.0,0....|  3.0|
|[0.0,0.0,0.0,0.0,0.0,0.0,0.0,0.0,0.0,0.0,0.0,0....|  5.0|
|[0.0,0.0,0.0,0.0,0.0,0.0,0.0,0.0,0.0,0.0,0.0,0....|  3.0|
|[0.0,0.0,0.0,0.0,0.0,0.0,0.0,0.0,0.0,0.0,0.0,0....|  6.0|
|[0.0,0.0,0.0,0.0,0.0,0.0,0.0,0.0,0.0,0.0,0.0,0....|  1.0|
|[0.0,0.0,0.0,0.0,0.0,0.0,0.0,0.0,0.0,0.0,0.0,0....|  7.0|
|[0.0,0.0,0.0,0.0,0.0,0.0,0.0,0.0,0.0,0.0,0.0,0....|  2.0|
|[0.0,0.0,0.0,0.0,0.0,0.0,0.0,0.0,0.0,0.0,0.0,0....|  8.0|
|[0.0,0.0,0.0,0.0,0.0,0.0,0.0,0.0,0.0,0.0,0.0,0....|  6.0|
|[0.0,0.0,0.0,0.0,0.0,0.0,0.0,0.0,0.0,0.0,0.0,0....|  9.0|
+--------------------------------------------------+-----+
only showing top 20 rows

test_df = to_data_frame(sc, x_test, y_test, categorical=True)

test_df.show(20,50)
+--------------------------------------------------+-----+
|                                          features|label|
+--------------------------------------------------+-----+
|[0.0,0.0,0.0,0.0,0.0,0.0,0.0,0.0,0.0,0.0,0.0,0....|  7.0|
|[0.0,0.0,0.0,0.0,0.0,0.0,0.0,0.0,0.0,0.0,0.0,0....|  2.0|
|[0.0,0.0,0.0,0.0,0.0,0.0,0.0,0.0,0.0,0.0,0.0,0....|  1.0|
|[0.0,0.0,0.0,0.0,0.0,0.0,0.0,0.0,0.0,0.0,0.0,0....|  0.0|
|[0.0,0.0,0.0,0.0,0.0,0.0,0.0,0.0,0.0,0.0,0.0,0....|  4.0|
|[0.0,0.0,0.0,0.0,0.0,0.0,0.0,0.0,0.0,0.0,0.0,0....|  1.0|
```

```
|[0.0,0.0,0.0,0.0,0.0,0.0,0.0,0.0,0.0,0.0,0....|  4.0|
|[0.0,0.0,0.0,0.0,0.0,0.0,0.0,0.0,0.0,0.0,0....|  9.0|
|[0.0,0.0,0.0,0.0,0.0,0.0,0.0,0.0,0.0,0.0,0....|  5.0|
|[0.0,0.0,0.0,0.0,0.0,0.0,0.0,0.0,0.0,0.0,0....|  9.0|
|[0.0,0.0,0.0,0.0,0.0,0.0,0.0,0.0,0.0,0.0,0....|  0.0|
|[0.0,0.0,0.0,0.0,0.0,0.0,0.0,0.0,0.0,0.0,0....|  6.0|
|[0.0,0.0,0.0,0.0,0.0,0.0,0.0,0.0,0.0,0.0,0....|  9.0|
|[0.0,0.0,0.0,0.0,0.0,0.0,0.0,0.0,0.0,0.0,0....|  0.0|
|[0.0,0.0,0.0,0.0,0.0,0.0,0.0,0.0,0.0,0.0,0....|  1.0|
|[0.0,0.0,0.0,0.0,0.0,0.0,0.0,0.0,0.0,0.0,0....|  5.0|
|[0.0,0.0,0.0,0.0,0.0,0.0,0.0,0.0,0.0,0.0,0....|  9.0|
|[0.0,0.0,0.0,0.0,0.0,0.0,0.0,0.0,0.0,0.0,0....|  7.0|
|[0.0,0.0,0.0,0.0,0.0,0.0,0.0,0.0,0.0,0.0,0....|  3.0|
|[0.0,0.0,0.0,0.0,0.0,0.0,0.0,0.0,0.0,0.0,0....|  4.0|
+--------------------------------------------------+-----+
only showing top 20 rows

# Set and serialize optimizer.

sgd = optimizers.SGD(lr=0.01)
optimizer_conf = optimizers.serialize(sgd)

# Initialize Spark ML Estimator.

estimator = ElephasEstimator()
estimator.set_keras_model_config(model.to_yaml())
estimator.set_optimizer_config(optimizer_conf)
estimator.set_epochs(25)
estimator.set_batch_size(64)
estimator.set_categorical_labels(True)
estimator.set_validation_split(0.10)
estimator.set_nb_classes(10)
estimator.set_mode("synchronous")
estimator.set_loss("categorical_crossentropy")
estimator.set_metrics(['acc'])

# Fit a model.

pipeline = Pipeline(stages=[estimator])
pipeline_model = pipeline.fit(df)

# Evaluate the fitted pipeline model on test data.

prediction = pipeline_model.transform(test_df)
df2 = prediction.select("label", "prediction")
df2.show(20)

+-----+----------+
|label|prediction|
```

```
+-----+----------+
|  7.0|       7.0|
|  2.0|       2.0|
|  1.0|       1.0|
|  0.0|       0.0|
|  4.0|       4.0|
|  1.0|       1.0|
|  4.0|       4.0|
|  9.0|       9.0|
|  5.0|       6.0|
|  9.0|       9.0|
|  0.0|       0.0|
|  6.0|       6.0|
|  9.0|       9.0|
|  0.0|       0.0|
|  1.0|       1.0|
|  5.0|       5.0|
|  9.0|       9.0|
|  7.0|       7.0|
|  3.0|       2.0|
|  4.0|       4.0|
+-----+----------+
only showing top 20 rows

prediction_and_label= df2.rdd.map(lambda row: (row.label, row.prediction))
metrics = MulticlassMetrics(prediction_and_label)
print(metrics.precision())
0.757
```

7.7 Dist-Keras

分布式 Keras（Dist-Keras）是另一个运行在 Keras 和 Spark 上的分布式深度学习框架。它是由 CERN 的 Joeri Hermans 开发的。Dist-Keras 支持 ADAG、动态 SGD、异步弹性平均 SGD（AEASGD）、异步弹性平均动量 SGD（AEAMSGD）、倾盆式 SGD 等分布式优化算法。Dist-Keras 包括了其各种数据转换的 Spark 转换器，如 ReshapeTransformer、MinMaxTransformer、OneHotTransformer、DenseTransformer 和 LabelIndexTransformer 等。与 Elephas 类似，Dist-Keras 使用数据并行实现了分布式深度学习。

7.7.1 使用基于 Keras 和 Spark 的 Dist-Keras 来识别 MNIST 中的手写数字

为了保持一致性，我们将在 Dist-Keras 示例中使用 MNIST 数据集 [33]。在运行此示例之前，请确保将 MNIST 数据集放在 HDFS 或 S3 上。参见清单 7-5。

清单 7-5　使用 Dist-Keras、Keras 和 Spark 进行分布式深度学习

```python
from distkeras.evaluators import *
from distkeras.predictors import *
from distkeras.trainers import *
from distkeras.transformers import *
from distkeras.utils import *

from keras.layers.convolutional import *
from keras.layers.core import *
from keras.models import Sequential
from keras.optimizers import *

from pyspark import SparkConf
from pyspark import SparkContext

from pyspark.ml.evaluation import MulticlassClassificationEvaluator
from pyspark.ml.feature import OneHotEncoder
from pyspark.ml.feature import StandardScaler
from pyspark.ml.feature import StringIndexer
from pyspark.ml.feature import VectorAssembler

import pwd
import os
# First, set up the Spark variables. You can modify them to your needs.
application_name = "Distributed Keras MNIST Notebook"
using_spark_2 = False
local = False
path_train = "data/mnist_train.csv"
path_test = "data/mnist_test.csv"
if local:
    # Tell master to use local resources.
    master = "local[*]"
    num_processes = 3
    num_executors = 1
else:
    # Tell master to use YARN.
    master = "yarn-client"
    num_executors = 20
    num_processes = 1
```

```python
# This variable is derived from the number of cores and executors and will
be used to assign the number of model trainers.
num_workers = num_executors * num_processes

print("Number of desired executors: " + `num_executors`)
print("Number of desired processes / executor: " + `num_processes`)
print("Total number of workers: " + `num_workers`)

# Use the Databricks CSV reader; this has some nice functionality regarding
invalid values.
os.environ['PYSPARK_SUBMIT_ARGS'] = '--packages com.databricks:spark-
csv_2.10:1.4.0 pyspark-shell'

conf = SparkConf()
conf.set("spark.app.name", application_name)
conf.set("spark.master", master)
conf.set("spark.executor.cores", `num_processes`)
conf.set("spark.executor.instances", `num_executors`)
conf.set("spark.executor.memory", "4g")
conf.set("spark.locality.wait", "0")
conf.set("spark.serializer", "org.apache.spark.serializer.KryoSerializer");
conf.set("spark.local.dir", "/tmp/" + get_os_username() + "/dist-keras");

# Check if the user is running Spark 2.0 +
if using_spark_2:
    sc = SparkSession.builder.config(conf=conf) \
            .appName(application_name) \
            .getOrCreate()
else:
    # Create the Spark context.
    sc = SparkContext(conf=conf)
    # Add the missing imports.

    from pyspark import SQLContext
    sqlContext = SQLContext(sc)

# Check if we are using Spark 2.0.
if using_spark_2:
    reader = sc
else:
    reader = sqlContext
# Read the training dataset.
raw_dataset_train = reader.read.format('com.databricks.spark.csv') \
                        .options(header='true', inferSchema='true') \
                        .load(path_train)
# Read the testing dataset.
raw_dataset_test = reader.read.format('com.databricks.spark.csv') \
                        .options(header='true', inferSchema='true') \
```

```
                              .load(path_test)
# First, we would like to extract the desired features from the raw
# dataset. We do this by constructing a list with all desired columns.
# This is identical for the test set.

features = raw_dataset_train.columns
features.remove('label')

# Next, we use Spark's VectorAssembler to "assemble" (create) a vector of
# all desired features.

vector_assembler = VectorAssembler(inputCols=features,
outputCol="features")

# This transformer will take all columns specified in features and create #
an additional column "features" which will contain all the desired
# features aggregated into a single vector.

dataset_train = vector_assembler.transform(raw_dataset_train)
dataset_test = vector_assembler.transform(raw_dataset_test)

# Define the number of output classes.
nb_classes = 10
encoder = OneHotTransformer(nb_classes, input_col="label", output_
col="label_encoded")
dataset_train = encoder.transform(dataset_train)
dataset_test = encoder.transform(dataset_test)

# Allocate a MinMaxTransformer from Distributed Keras to normalize
# the features.
# o_min -> original_minimum
# n_min -> new_minimum

transformer = MinMaxTransformer(n_min=0.0, n_max=1.0, \
                                o_min=0.0, o_max=250.0, \
                                input_col="features", \
                                output_col="features_normalized")
# Transform the dataset.
dataset_train = transformer.transform(dataset_train)
dataset_test = transformer.transform(dataset_test)

# Keras expects the vectors to be in a particular shape; we can reshape the
# vectors using Spark.
reshape_transformer = ReshapeTransformer("features_normalized", "matrix",
(28, 28, 1))
dataset_train = reshape_transformer.transform(dataset_train)
dataset_test = reshape_transformer.transform(dataset_test)

# Now, create a Keras model.
```

```
# Taken from Keras MNIST example.

# Declare model parameters.
img_rows, img_cols = 28, 28
# Number of convolutional filters to use
nb_filters = 32
# Size of pooling area for max pooling
pool_size = (2, 2)
# Convolution kernel size
kernel_size = (3, 3)
input_shape = (img_rows, img_cols, 1)
# Construct the model.
convnet = Sequential()
convnet.add(Convolution2D(nb_filters, kernel_size[0], kernel_size[1],
                          border_mode='valid',
                          input_shape=input_shape))
convnet.add(Activation('relu'))
convnet.add(Convolution2D(nb_filters, kernel_size[0], kernel_size[1]))
convnet.add(Activation('relu'))
convnet.add(MaxPooling2D(pool_size=pool_size))
convnet.add(Flatten())
convnet.add(Dense(225))
convnet.add(Activation('relu'))
convnet.add(Dense(nb_classes))
convnet.add(Activation('softmax'))

# Define the optimizer and the loss.
optimizer_convnet = 'adam'
loss_convnet = 'categorical_crossentropy'

# Print the summary.
convnet.summary()

# We can also evaluate the dataset in a distributed manner.
# However, for this we need to specify a procedure on how to do this.
def evaluate_accuracy(model, test_set, features="matrix"):
    evaluator = AccuracyEvaluator(prediction_col="prediction_index",
    label_col="label")
    predictor = ModelPredictor(keras_model=model, features_col=features)
    transformer = LabelIndexTransformer(output_dim=nb_classes)
    test_set = test_set.select(features, "label")
    test_set = predictor.predict(test_set)
    test_set = transformer.transform(test_set)
    score = evaluator.evaluate(test_set)

    return score
# Select the desired columns; this will reduce network usage.
```

```
dataset_train = dataset_train.select("features_normalized",
"matrix","label", "label_encoded")
dataset_test = dataset_test.select("features_normalized", "matrix","label",
"label_encoded")

# Keras expects DenseVectors.
dense_transformer = DenseTransformer(input_col="features_normalized",
output_col="features_normalized_dense")
dataset_train = dense_transformer.transform(dataset_train)
dataset_test = dense_transformer.transform(dataset_test)
dataset_train.repartition(num_workers)
dataset_test.repartition(num_workers)

# Assessing the training and test set.
training_set = dataset_train.repartition(num_workers)
test_set = dataset_test.repartition(num_workers)

# Cache them.
training_set.cache()
test_set.cache()

# Precache the training set on the nodes using a simple count.
print(training_set.count())

# Use the ADAG optimizer. You can also use a SingleWorker for testing
# purposes -> traditional nondistributed gradient descent.

trainer = ADAG(keras_model=convnet, worker_optimizer=optimizer_convnet,
loss=loss_convnet, num_workers=num_workers, batch_size=16, communication_
window=5, num_epoch=5, features_col="matrix", label_col="label_encoded")

trained_model = trainer.train(training_set)

print("Training time: " + str(trainer.get_training_time()))
print("Accuracy: " + str(evaluate_accuracy(trained_model, test_set)))
print("Number of parameter server updates: " + str(trainer.parameter_
server.num_updates))
```

将深度学习工作负载分布到多台机器上并不总是一种好方法。在分布式环境中运行作业有开销，更不用提用于设置和维护分布式 Spark 环境的时间和精力了。高性能的多 GPU 机器和云实例已经允许你以良好的训练速度在单机上训练相当大的模型，因此你可能根本不需要分布式环境。事实上，在大多数情况下，利用 ImageDataGenerator 类来加载数据，利用 fit_generator 函数在 Keras 中训练模型可能就足够了。让我们在下一个示例中研究这个选项。

7.7.2　猫和狗的图像分类

在这个示例中，我们将使用卷积神经网络来构建一个狗和猫的图像分类器。我们将使用由 Francois Chollet 推广的、由 Microsoft Research 提供并可从 Kaggle 获得的流行数据集 [34]。与 MNIST 数据集一样，该数据集在研究中被广泛使用。它包含了 12 500 个猫的图像和 12 500 个狗的图像，但我们在每个类别中只使用 2 000 个图像（总共 4 000 个图像）来加速训练。我们将使用 500 个猫的图像和 500 个狗的图像（总共 1 000 张）进行测试。如图 7-10 所示。

图 7-10　从数据集获取的狗和猫的样本图像

我们将使用 fit_generator 来训练 Keras 模型。我们还将利用 ImageDataGenerator 类来批量加载数据，从而允许我们处理大量数据。如果你有无法装入内存的大型数据集，并且不能访问分布式环境，那么这一点特别有用。使用 ImageDataGenerator 的另一个好处是，它能够执行随机数据转换来扩充数据，帮助模型更好地泛化并防止过拟合 [35]。这个示例将展示如何在不使用 Spark 的情况下，使用 Keras 的大型数据集。参见清单 7-6。

清单 7-6　使用 ImageDataGenerator 和 fit_generator

```
import matplotlib.pyplot as plt
import numpy as np
import cv2

from keras.preprocessing.image import ImageDataGenerator
```

```
from keras.preprocessing import image
from keras.models import Sequential
from keras.layers import Conv2D, MaxPooling2D
from keras.layers import Activation, Dropout, Flatten, Dense
from keras import backend as K

# The image dimension is 150x150. RGB = 3.

if K.image_data_format() == 'channels_first':
    input_shape = (3, 150, 150)
else:
    input_shape = (150, 150, 3)

model = Sequential()

model.add(Conv2D(32, (3, 3), input_shape=input_shape, activation='relu'))
model.add(MaxPooling2D(pool_size=(2, 2)))

model.add(Conv2D(32, (3, 3), activation='relu'))
model.add(MaxPooling2D(pool_size=(2, 2)))

model.add(Conv2D(64, (3, 3), activation='relu'))
model.add(MaxPooling2D(pool_size=(2, 2)))

model.add(Flatten())
model.add(Dense(64, activation='relu'))
model.add(Dropout(0.5))
model.add(Dense(1, activation='sigmoid'))

# Compile the model.

model.compile(loss='binary_crossentropy',
              optimizer='rmsprop',
              metrics=['accuracy'])

print(model.summary())
```

Layer (type)	Output Shape	Param #
conv2d_1 (Conv2D)	(None, 148, 148, 32)	896
max_pooling2d_1 (MaxPooling2	(None, 74, 74, 32)	0
conv2d_2 (Conv2D)	(None, 72, 72, 32)	9248
max_pooling2d_2 (MaxPooling2	(None, 36, 36, 32)	0
conv2d_3 (Conv2D)	(None, 34, 34, 64)	18496
max_pooling2d_3 (MaxPooling2	(None, 17, 17, 64)	0

flatten_1 (Flatten)	(None, 18496)	0
dense_1 (Dense)	(None, 64)	1183808
dropout_1 (Dropout)	(None, 64)	0
dense_2 (Dense)	(None, 1)	65

```
==================================================================
Total params: 1,212,513
Trainable params: 1,212,513
Non-trainable params: 0
# We will use the following augmentation configuration for training.

train_datagen = ImageDataGenerator(
    rescale=1. / 255,
    width_shift_range=0.2,
    height_shift_range=0.2,
    horizontal_flip=True)

# The only augmentation for test data is rescaling.

test_datagen = ImageDataGenerator(rescale=1. / 255)

train_generator = train_datagen.flow_from_directory(
    '/data/train',
    target_size=(150, 150),
    batch_size=16,
    class_mode='binary')

Found 4000 images belonging to 2 classes.

validation_generator = test_datagen.flow_from_directory(
    '/data/test',
    target_size=(150, 150),
    batch_size=16,
    class_mode='binary')

Found 1000 images belonging to 2 classes.

# steps_per_epoch should be set to the total number of training sample,
# while validation_steps is set to the number of test samples. We set
# epoch to 15, steps_per_epoch and validation_steps to 100 to expedite
# model training.

model.fit_generator(
    train_generator,
    steps_per_epoch=100,
    epochs=1=25,
    validation_data=validation_generator,
    validation_steps=100)
```

```
Epoch 1/25
100/100 [==============================] - 45s 451ms/step - loss: 0.6439 -
acc: 0.6244 - val_loss: 0.5266 - val_acc: 0.7418
Epoch 2/25
100/100 [==============================] - 44s 437ms/step - loss: 0.6259 -
acc: 0.6681 - val_loss: 0.5577 - val_acc: 0.7304
Epoch 3/25
100/100 [==============================] - 43s 432ms/step - loss: 0.6326 -
acc: 0.6338 - val_loss: 0.5922 - val_acc: 0.7029
Epoch 4/25
100/100 [==============================] - 43s 434ms/step - loss: 0.6538 -
acc: 0.6300 - val_loss: 0.5642 - val_acc: 0.7052
Epoch 5/25
100/100 [==============================] - 44s 436ms/step - loss: 0.6263 -
acc: 0.6600 - val_loss: 0.6725 - val_acc: 0.6746
Epoch 6/25
100/100 [==============================] - 43s 427ms/step - loss: 0.6229 -
acc: 0.6606 - val_loss: 0.5586 - val_acc: 0.7538
Epoch 7/25
100/100 [==============================] - 43s 426ms/step - loss: 0.6470 -
acc: 0.6562 - val_loss: 0.5878 - val_acc: 0.7077
Epoch 8/25
100/100 [==============================] - 43s 429ms/step - loss: 0.6524 -
acc: 0.6437 - val_loss: 0.6414 - val_acc: 0.6539
Epoch 9/25
100/100 [==============================] - 43s 427ms/step - loss: 0.6131 -
acc: 0.6831 - val_loss: 0.5636 - val_acc: 0.7304
Epoch 10/25
100/100 [==============================] - 43s 429ms/step - loss: 0.6293 -
acc: 0.6538 - val_loss: 0.5857 - val_acc: 0.7186
Epoch 11/25
100/100 [==============================] - 44s 437ms/step - loss: 0.6207 -
acc: 0.6713 - val_loss: 0.5467 - val_acc: 0.7279
Epoch 12/25
100/100 [==============================] - 43s 430ms/step - loss: 0.6131 -
acc: 0.6587 - val_loss: 0.5279 - val_acc: 0.7348
Epoch 13/25
100/100 [==============================] - 43s 428ms/step - loss: 0.6090 -
acc: 0.6781 - val_loss: 0.6221 - val_acc: 0.7054
Epoch 14/25
100/100 [==============================] - 42s 421ms/step - loss: 0.6273 -
acc: 0.6756 - val_loss: 0.5446 - val_acc: 0.7506
Epoch 15/25
100/100 [==============================] - 44s 442ms/step - loss: 0.6139 -
acc: 0.6775 - val_loss: 0.6073 - val_acc: 0.6954
```

```
Epoch 16/25
100/100 [==============================] - 44s 441ms/step - loss: 0.6080 -
acc: 0.6806 - val_loss: 0.5365 - val_acc: 0.7437
Epoch 17/25
100/100 [==============================] - 45s 448ms/step - loss: 0.6225 -
acc: 0.6719 - val_loss: 0.5831 - val_acc: 0.6935
Epoch 18/25
100/100 [==============================] - 43s 428ms/step - loss: 0.6124 -
acc: 0.6769 - val_loss: 0.5457 - val_acc: 0.7361
Epoch 19/25
100/100 [==============================] - 43s 430ms/step - loss: 0.6061 -
acc: 0.6844 - val_loss: 0.5587 - val_acc: 0.7399
Epoch 20/25
100/100 [==============================] - 43s 429ms/step - loss: 0.6209 -
acc: 0.6613 - val_loss: 0.5699 - val_acc: 0.7280
Epoch 21/25
100/100 [==============================] - 43s 428ms/step - loss: 0.6252 -
acc: 0.6650 - val_loss: 0.5550 - val_acc: 0.7247
Epoch 22/25
100/100 [==============================] - 43s 429ms/step - loss: 0.6306 -
acc: 0.6594 - val_loss: 0.5466 - val_acc: 0.7236
Epoch 23/25
100/100 [==============================] - 43s 427ms/step - loss: 0.6086 -
acc: 0.6819 - val_loss: 0.5790 - val_acc: 0.6824
Epoch 24/25
100/100 [==============================] - 43s 425ms/step - loss: 0.6059 -
acc: 0.7000 - val_loss: 0.5433 - val_acc: 0.7197
Epoch 25/25
100/100 [==============================] - 43s 426ms/step - loss: 0.6261 -
acc: 0.6794 - val_loss: 0.5987 - val_acc: 0.7167
<keras.callbacks.History object at 0x7ff72c7c3890>

# We get a 71% validation accuracy. To increase model accuracy, you can try
several things such as adding more training data and increasing the number
of epochs.

model.save_weights('dogs_vs_cats.h5')

# Let's now use our model to classify a few images. dogs=1, cats=0
# Let's start with dogs.
img = cv2.imread("/data/test/dogs/dog.148.jpg")

img = np.array(img).astype('float32')/255
img = cv2.resize(img, (150,150))
plt.imshow(img)
plt.show()
```

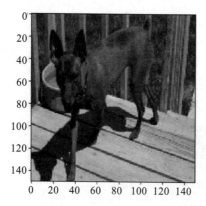

```
img = img.reshape(1, 150, 150, 3)
```

```
print(model.predict(img))
[[0.813732]]
```

```
print(round(model.predict(img)))
1.0
```

```
# Another one
img = cv2.imread("/data/test/dogs/dog.235.jpg")
img = np.array(img).astype('float32')/255
img = cv2.resize(img, (150,150))
plt.imshow(img)
plt.show()
```

```
img = img.reshape(1, 150, 150, 3)
```

```
print(model.predict(img))
[[0.92639965]]
```

```
print(round(model.predict(img)))
1.0
```

```python
# Let's try some cat photos.

img = cv2.imread("/data/test/cats/cat.355.jpg")
img = np.array(img).astype('float32')/255
img = cv2.resize(img, (150,150))
plt.imshow(img)
plt.show()
```

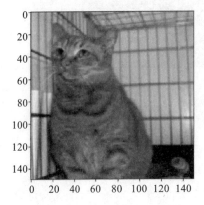

```python
img = img.reshape(1, 150, 150, 3)
```

```python
print(model.predict(img))
[[0.49332634]]
```

```python
print(round(model.predict(img)))
0.0
# Another one
img = cv2.imread("/data/test/cats/cat.371.jpg")

img = np.array(img).astype('float32')/255
img = cv2.resize(img, (150,150))
plt.imshow(img)
plt.show()
```

```
img = img.reshape(1, 150, 150, 3)

print(model.predict(img))
[[0.16990553]]

print(round(model.predict(img)))
0.0
```

7.8　总结

本章介绍了深度学习和使用 Spark 实现的分布式深度学习。我选择 Keras 进行深度学习是因为它简单、易用和流行。我选择 Elephas 和 Dist-Keras 来进行分布式深度学习，以保持 Keras 的易用性，同时使用 Spark 支持高度可伸缩的深度学习工作负载。除了 Elephas 和 Dist-Keras 之外，我建议你探索其他非 Spark 分布式深度学习框架，如 Horovod。要更深入地讨论深度学习，我推荐 Francois Chollet 的 *Deep Learning with Python*（Manning，2018）和 Ian Goodfellow、Yoshua Bengio 和 Aaron Courville 的 *Deep Learning*（MIT Press，2016）。

7.9　参考资料

[1]　Francis Crick, The Astonishing Hypothesis: The Scientific Search for the Soul, Scribner, 1995

[2]　NVIDIA; "Deep Learning," developer.nvidia.com, 2019, https://developer.nvidia.com/deep-learning

[3]　DeepMind; "Alpha Go," deepmind.com, 2019, https://deepmind.com/research/case-studies/alphago-the-story-so-far

[4]　Tesla; "Future of Driving," tesla.com, 2019, www.tesla.com/autopilot

[5]　Rob Csongor; "Tesla Raises the Bar for Self-Driving Carmakers," nvidia.com, 2019, https://blogs.nvidia.com/blog/2019/04/23/tesla-self-driving/

[6]   SAS; "How neural networks work," sas.com, 2019, www.sas.com/
       en_us/insights/analytics/neural-networks.html

[7]   H2O; "Deep Learning (Neural Networks)," h2o.ai, 2019, http://
       docs.h2o.ai/h2o/latest-stable/h2o-docs/data-science/
       deep-learning.html

[8]   Michael Marsalli; "McCulloch-Pitts Neurons," ilstu.edu, 2019, www.
       mind.ilstu.edu/curriculum/modOverview.php?modGUI=212

[9]   Francis Crick; Brain Damage p. 181, Simon & Schuster, 1995,
       Astonishing Hypothesis: The Scientific Search for the Soul

[10]   David B. Fogel; Defining Artificial Intelligence p. 20, Wiley, 2005,
       Evolutionary Computation: Toward a New Philosophy of Machine
       Intelligence, Third Edition

[11]   Barnabas Poczos; "Introduction to Machine Learning (Lecture
       Notes) Perceptron," cmu.edu, 2017, www.cs.cmu.edu/~10701/
       slides/Perceptron_Reading_Material.pdf

[12]   SAS; "History of Neural Networks," sas.com, 2019, www.sas.com/
       en_us/insights/analytics/neural-networks.html

[13]   Skymind; "A Beginner's Guide to Backpropagation in Neural
       Networks," skymind.ai, 2019, https://skymind.ai/wiki/
       backpropagation

[14]   Cognilytica; "Are people overly infatuated with Deep Learning,
       and can it really deliver?", cognilytica.com, 2018, www.
       cognilytica.com/2018/07/10/are-people-overly-infatuated-
       with-deep-learning-and-can-it-really-deliver/

[15]   Yann LeCun; "Invariant Recognition: Convolutional Neural
       Networks," lecun.com, 2004, http://yann.lecun.com/ex/
       research/index.html

[16]   Kyle Wiggers; "Geoffrey Hinton, Yann LeCun, and Yoshua Bengio
       named Turing Award winners," venturebeat.com, 2019, https://

venturebeat.com/2019/03/27/geoffrey-hinton-yann-lecun-and-yoshua-bengio-honored-with-the-turing-award/

[17] Alex Krizhevsky, Ilya Sutskever, Geoffrey E. Hinton; "ImageNet Classification with Deep Convolutional Neural Networks," toronto. edu, 2012, www.cs.toronto.edu/~fritz/absps/imagenet.pdf

[18] PyTorch; "Alexnet," pytorch.org, 2019, https://pytorch.org/hub/pytorch_vision_alexnet/

[19] Francois Chollet; "Deep learning for computer vision," 2018, Deep Learning with Python

[20] Andrej Karpathy; "Convolutional Neural Networks (CNNs / ConvNets)," github.io, 2019, http://cs231n.github.io/convolutional-networks/

[21] Jayneil Dalal and Sohil Patel; "Image basics," Packt Publishing, 2013, Instant OpenCV Starter

[22] MATLAB; "Introducing Deep Learning with MATLAB". mathworks. com, 2019, www.mathworks.com/content/dam/mathworks/tag-team/Objects/d/80879v00_Deep_Learning_ebook.pdf

[23] Vincent Dumoulin and Francesco Visin; "A guide to convolution arithmetic for deep Learning," axiv.org, 2018, https://arxiv.org/pdf/1603.07285.pdf

[24] Anish Singh Walia; "Activation functions and it's types-Which is better?", towardsdatascience.com, 2017, https://towardsdatascience.com/activation-functions-and-its-types-which-is-better-a9a5310cc8f

[25] Skymind; "Comparison of AI Frameworks," skymind.ai, 2019, https://skymind.ai/wiki/comparison-frameworks-dl4j-tensorflow-pytorch

[26] Nihar Gajare; "A Simple Neural Network in Keras + TensorFlow to classify the Iris Dataset," github.com, 2017, https://gist.

github.com/NiharG15/cd8272c9639941cf8f481a7c4478d525

[27] BigDL; "What is BigDL," github.com, 2019, https://github.com/
intel-analytics/BigDL

[28] Skymind; "Distributed Deep Learning, Part 1: An Introduction
to Distributed Training of Neural Networks," skymind.ai, 2017,
https://blog.skymind.ai/distributed-deep-learning-part-
1-an-introduction-to-distributed-training-of-neural-
networks/

[29] Skymind; "Distributed Deep Learning, Part 1: An Introduction
to Distributed Training of Neural Networks," skymind.ai, 2017,
https://blog.skymind.ai/distributed-deep-learning-part-
1-an-introduction-to-distributed-training-of-neural-
networks/

[30] Databricks; "Deep Learning Pipelines for Apache Spark," github.
com, 2019, https://github.com/databricks/spark-deep-
learning

[31] Max Pumperla; "Elephas: Distributed Deep Learning with Keras
& Spark," github.com, 2019, https://github.com/maxpumperla/
elephas

[32] Max Pumperla; "mnist_lp_spark.py," github.com, 2019, https://
github.com/maxpumperla/elephas/blob/master/examples/
mnist_mlp_spark.py

[33] Joeri R. Hermans, CERN IT-DB; "Distributed Keras: Distributed
Deep Learning with Apache Spark and Keras," Github.com, 2016,
https://github.com/JoeriHermans/dist-keras/

[34] Microsoft Research; "Dogs vs. Cats," Kaggle.com, 2013,
www.kaggle.com/c/dogs-vs-cats/data

[35] Francois Chollet; "Building powerful image classification models
using very little data," keras.io, 2016, https://blog.keras.io/
building-powerful-image-classification-models-using-
very-little-data.html